Günter Wahl / Norbert Harthun

FRANZIS EXPERIMENTE

Neue Tesla-Experimente

Mit 89 Abbildungen

Bibliografische Information der Deutschen Bibliothek
Die Deutsche Bibliothek verzeichnet diese Publikation in der Deutschen Nationalbibliografie; detaillierte Daten sind im Internet über **http://dnb.ddb.de** abrufbar.

Satz: Fotosatz Pfeifer, 82166 Gräfelfing
art & design: www.ideehoch2.de
Druck: Bercker, 47623 Kevelaer
Printed in Germany

ISBN 978-3-645-**65010-6**

Günter Wahl / Norbert Harthun

Neue Tesla-Experimente

Eingang! Am: 09.09.2014
Eigentümer: Dieter Reiter

Vorwort

Das neue Tesla-Buch steht unter dem Schwerpunkt „Strom ohne Batterie und Kabel" und gliedert sich in mehrere interessante Experimente und Themenbereiche wie z. B.

- Energieübertragung nach Tesla mit bis zu 100 Watt übertragener Leistung
- Röhrenbetriebener Tesla-Hochleistungsgenerator
- Exotische Tesla-Anwendungen, wie z. B. ein Schiffsmodell ohne Kabel und Batterie oder ein ferngesteuertes Teelicht
- Betrachtungen zur Gravitation für Hobby-Wissenschaftler
- Der Resonanzeffekt als Motor erfolgreicher Experimente

Es ist unübersehbar, dass die Ideen Teslas noch nach 100 Jahren in modernste Techniken mit einfließen. Dies betrifft in erster Linie die drahtlose Energieübertragung und die Telekommunikationstechnik. Dabei ist es bedauerlich, dass Tesla außerhalb der Fachwelt weitgehend unbekannt ist.

Das Buch soll damit beitragen, Tesla als genialem Experimentator ein bescheidenes Denkmal zu setzen.

Inhaltsverzeichnis

1 Demo-Modell einer drahtlosen Energieübertragung mittels zweier Spulen bei $f_0 = 13.6$ kHz

Warum kann man Strom eigentlich nicht funken? Eine Frage, die sich bereits Nikola Tesla stellte, der vor mehr als hundert Jahren vergeblich an der drahtlosen Übertragung elektrischer Energie forschte. Als eines der Hauptprobleme entpuppte sich die Natur elektromagnetischer Wellen. Nur im Nahfeld eines Senders lässt sich eine bemerkenswerte Energiemenge übertragen. Von wesentlicher Bedeutung ist dabei, dass Sender und Empfänger miteinander in Resonanz sind.

Forscher vom MIT in den USA haben eine Lampe ohne Stromanschluss zum Leuchten gebracht. Sie nutzten dafür das Resonanzphänomen, ähnlich dem „Zersingen" von Gläsern. Trifft ein Opernsänger mit seiner Stimmhöhe die Eigenfrequenz eines Glases, zerbricht es. Vergleichbar funktioniert die kabellose Lampe vom Massachusetts Institute of Technology. Eine Spule, die als Sender dient, erzeugt elektromagnetische Wellen. Eine Empfangsspule schwingt auf der gleichen Frequenz wie die Sendespule. Die Empfangsspule entzieht der Sendespule Energie. Die entzogene Energie lässt eine Glühlampe aufleuchten.

Eine derartige Technik mit dem Namen „WiTricity" (Wireless Electricity) könnte die Kabel bei vielen elektrischen Geräten bald überflüssig machen.

Abb. 1 zeigt das Prinzip der drahtlosen Energieübertragung. Der Sender (links) überträgt elektromagnetische Wellen an einen Empfänger (rechts) und lässt die Glühlampe leuchten.

Prinzipiell kann man mit den Wellen zwar Energie übertragen. Sie breiten sich jedoch in alle Richtungen aus, wodurch die Effizienz extrem klein wird.

Wissenschaftler glauben nun, dem Traum Teslas ein großes Stück näher gekommen zu sein: Marin Soljacic und seine Kollegen konnten eine 60-W-Lampe aus 2 m Entfernung mit Strom versorgen, ohne dazu eine Leitung legen zu müssen. Stattdessen nutzten sie die sogenannte magnetische Resonanz im Nahfeld. „Es war sehr aufregend", sagte Soljacic. Der Versuch sei „sehr gut reproduzierbar". Man habe eine Effizienz von 40 Prozent erreicht, berichten die Forscher im Wissenschaftsmagazin „Science".

Abb. 1: Zwei Meter Entfernung liegen zwischen der Senderspule (links) und der Empfängerspule mit der Glühlampe (rechts)

Hohe Effizienz, simpler Aufbau

Der Versuchsaufbau ist simpel: Im Abstand von 2 m hängen zwei große Kupferspiralen. Durch die eine Spule fließt Wechselstrom mit einer Frequenz von etwa 10 MHz. Die Energie des magnetischen Nahfelds kann von der anderen Spule angezapft werden.

„Dass man Energie aus dem Nahfeld entnehmen kann, ist schon länger bekannt", sagte Jürgen Haase, Festkörperphysiker an der Universität Leipzig. Um die magnetische Resonanz zu nutzen, müsse man jedoch sehr nah an die Quelle heran, und zwar dichter als die Wellenlänge. Bei der von den MIT-Forschern genutzten Frequenz sind das nur wenige Meter.

Das Verfahren lässt sich sehr gut mit einem Resonanzexperiment eines Opernsängers vergleichen. Wenn dieser in einem Raum einen bestimmten Ton singt, in dem Hunderte identische, aber unterschiedlich hoch mit Wasser gefüllte Weingläser stehen, dann kann ein einzelnes Glas zur Resonanz gebracht werden und sogar zerspringen. Die anderen Gläser nehmen hingegen kaum Energie aus den akustischen Wellen auf, weil ihre Eigenfrequenz nicht zu der Schallfrequenz passt.

Auf jede Spule passt ein Resonator

Genauso funktioniert die magnetische Resonanz im Nahfeld: Energie kann aus dem Feld nur entnommen werden, wenn ein Resonator ins Spiel kommt. Die MIT-Forscher haben den Aufbau der Kupferspulen natürlich genau so konzipiert, dass es zur Resonanz kommt. „Man kann aus dem Wechselfeld nur Energie entnehmen, wenn man einen zur Frequenz passenden Resonator hat“, sagte Haase. Eine anders gebaute Spule kann das magnetische Wechselfeld deshalb nicht nutzen – somit geht auch keine Energie verloren.

Ein Vorteil der genutzten Frequenz von 9 bis 10 MHz sei, so der Leipziger Physiker, dass das Feld nicht tief in den menschlichen Körper eindringe. Soljacic und seine MIT-Kollegen betonen genau aus diesem Grund, dass der Aufenthalt in dem hochfrequenten Magnetfeld für Menschen und Tiere sicher sei. Bei den Experimenten hätten auch Kreditkarten, Handys und andere elektrische Geräte keinerlei Schaden genommen. Allerdings müssten die Wechselwirkungen des Felds noch genauer untersucht werden, betonten die Wissenschaftler.

Die Wissenschaftler haben längst eine klare Vision, wie ihr Verfahren künftig genutzt werden soll: Laptops könnten drahtlos aufgeladen werden – oder aber ganz ohne Akkus funktionieren, deren Produktion und Entsorgung ohnehin eine Belastung für die Umwelt darstellten. Stattdessen würden die Rechner ihren Strom aus dem magnetischen Feld im Raum beziehen.

Doch nun genug der Vorrede. In *Abb. 2* ist die Schaltung eines niederfrequenten Senders mit einer Resonanzfrequenz von f_0 = 13,6 kHz angegeben. In einigem Abstand von der Sendespule kann sowohl ein Fahrradbirnchen mit 6 V/2,4 W als auch eine 230-V/25-W-Lampe betrieben werden. Beide Lampenarten brauchen, um in Resonanz zu kommen, parallel geschaltete Kondensatoren von 10 µF/50 V und 3 x 5 nF/1.500 V. Mit dem 100-kΩ-Potentiometer kann für jede Lampe Resonanz und damit die größte Helligkeit eingestellt werden. Die MOSFET-Transistoren sollten mit Kühlkörpern versehen werden.

In *Abb. 3* ist der Versuchsaufbau mit der Sendespule und der übergeordneten Empfangsspule inklusive 6-V/2.4-W-Birnchen zu sehen. Um die 230-V/25-W-Lampe zum Leuchten zu bringen, müssen auf die Papprolle etwa 356 Windungen gewickelt werden. Der komplette Aufbau der 230-V-Version ist in *Abb. 4* zu sehen.

Einen Blick in den Schaltungsaufbau ermöglicht *Abb. 5*. Die beiden schwarzen 12-V-Akkus sind im unteren Bildbereich zu sehen. Links neben dem Amperemeter sind die mit Kühlkörpern versehenen MOSFET-Transistoren IRF 540 IF deutlich sichtbar. Ein kleiner 12-V-Lüfter sorgt für zusätzliche Kühlung. Weitere Fragen zum Versuchsaufbau werden vom Autor gerne beantwortet.

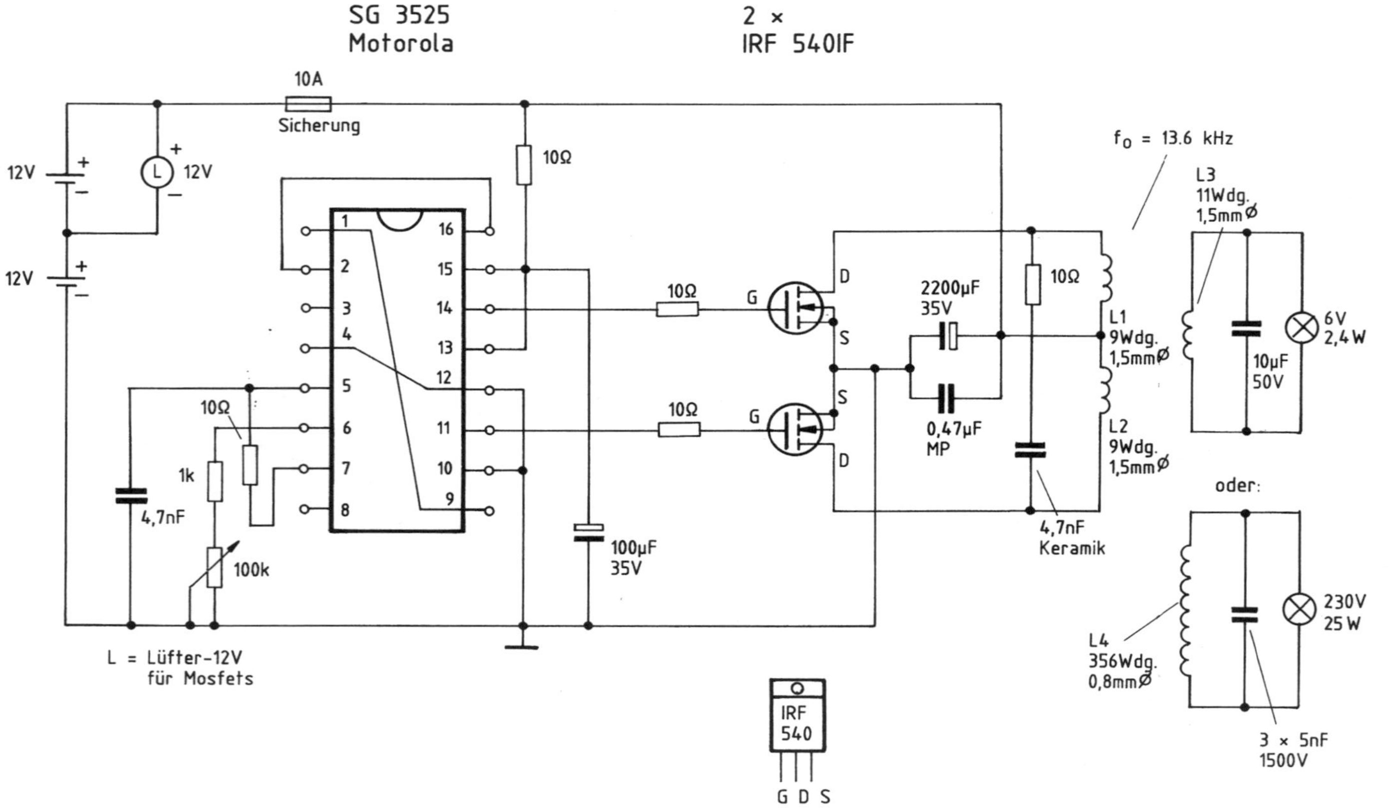

Abb. 2: Niederfrequenz-Sender mit einer Resonanzfrequenz von 13,6 kHz

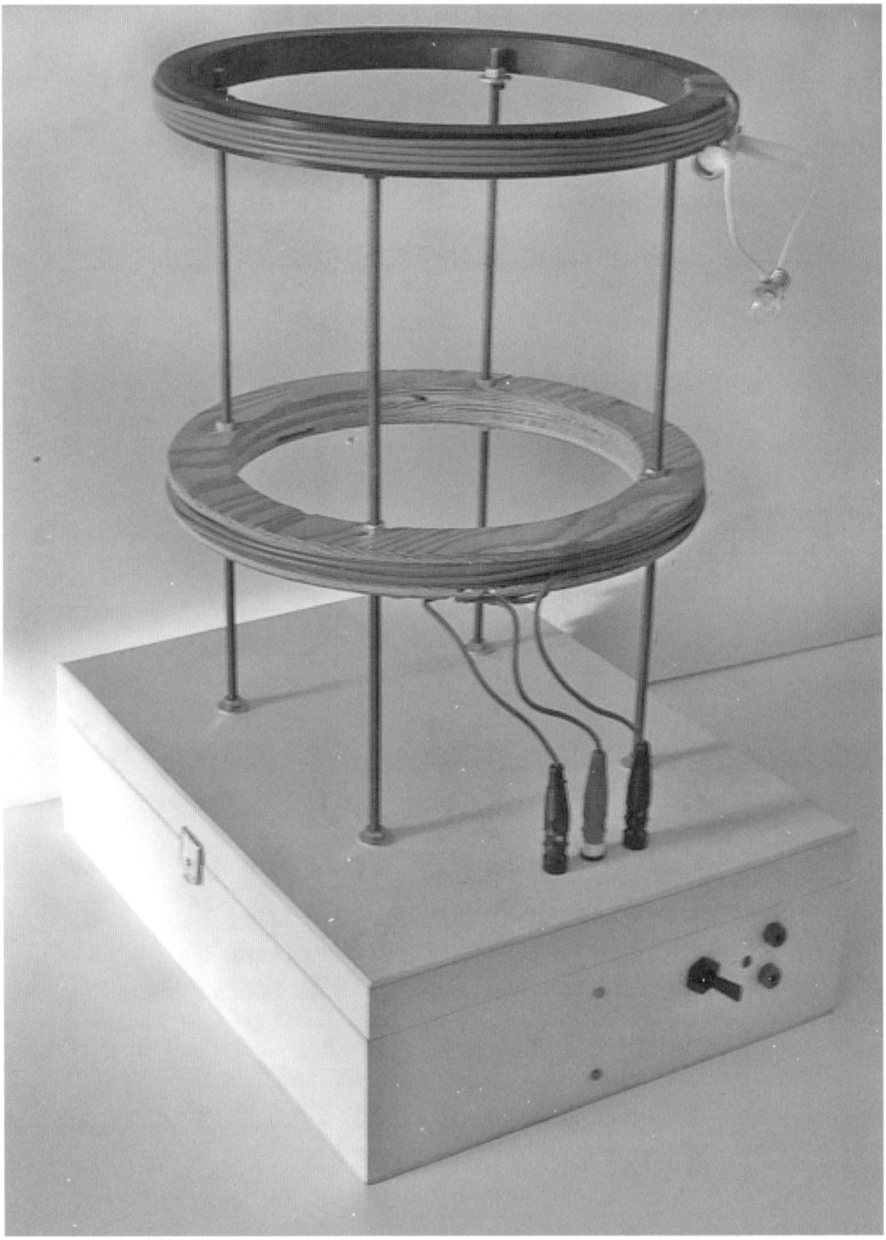

Abb. 3: Versuchsaufbau mit Sende- und Empfangsspule für 6 V/2,4 W

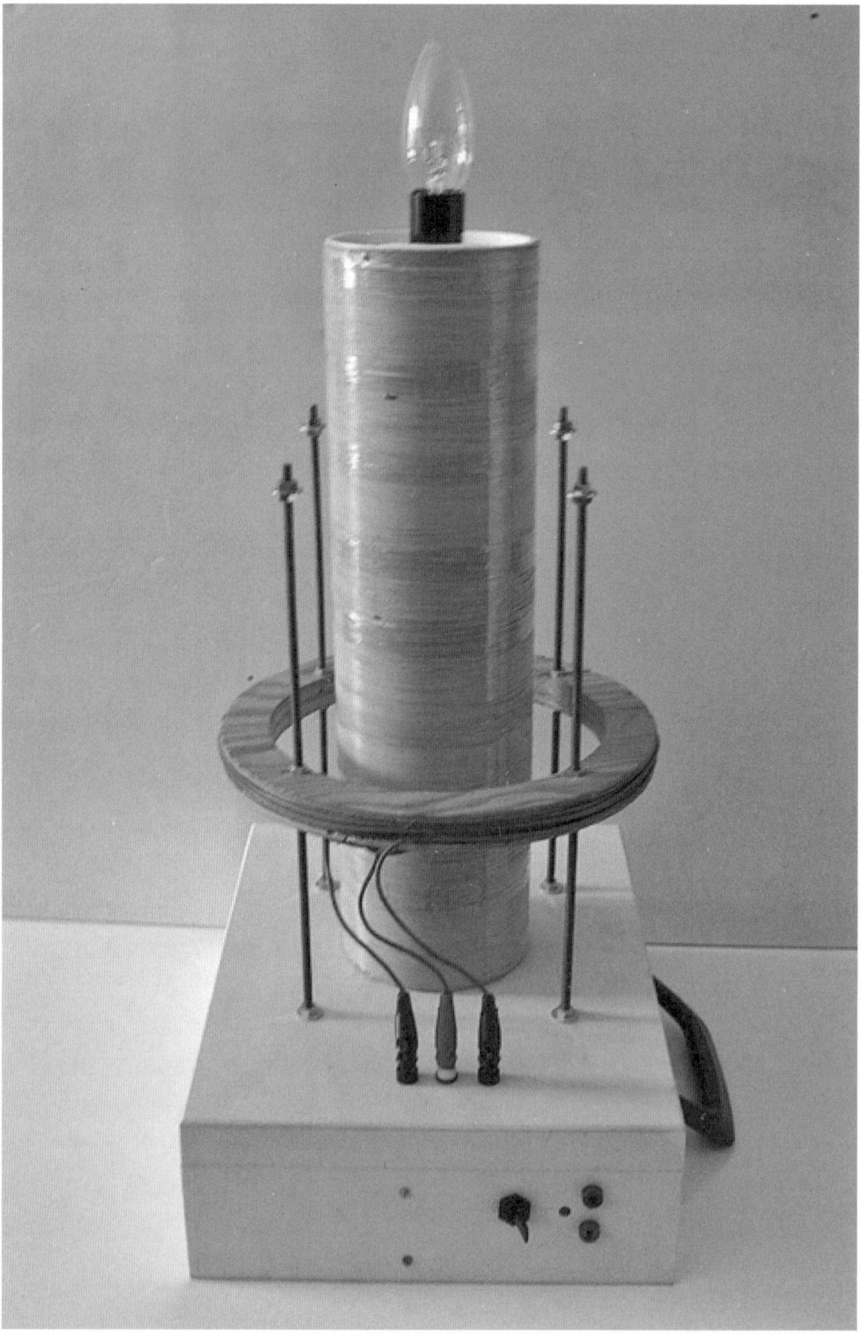

Abb. 4: Versuchsaufbau mit Sende- und Empfangsspule für 230 V/25 W

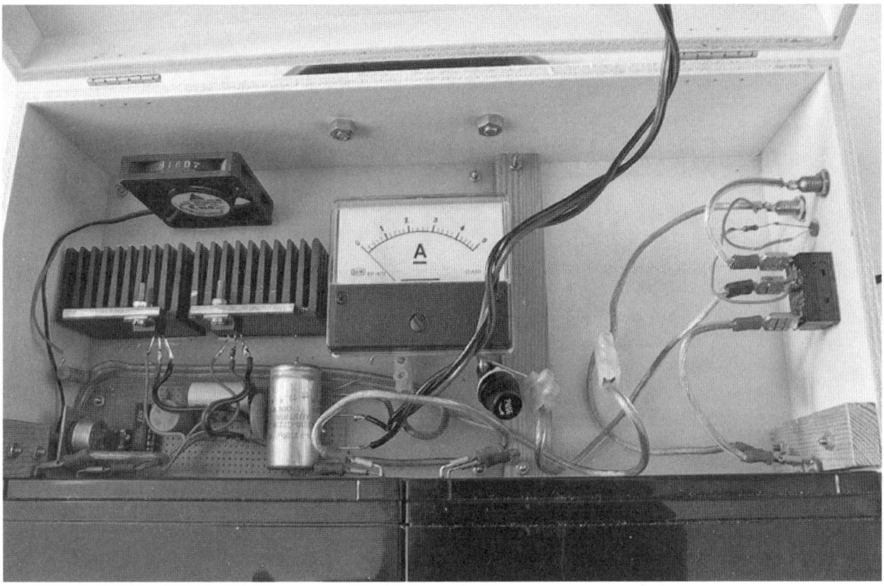

Abb. 5: Der Schaltungsaufbau des Niederfrequenz-Senders

2 Energieübertragung nach Tesla mit 100 Watt übertragener Leistung bei f_0 = 30 kHz

Bevor wir uns diesem Experiment zuwenden, wollen wir einige theoretische Fragen zu energieabsorbierenden Funkantennen erörtern. Es geht um kleine Antennen, die große elektromagnetische Wellen absorbieren können.

Nehmen wir als Beispiel Folgendes an: Der Sender ist ein Zeilentrafo, der bei 30 kHz mit 30 kV arbeitet. Der Empfänger ist eine völlig identische Vorrichtung. An beiden Transformatoren wird eine kleine vertikale Antenne angebracht. Wie viel Energie kann der Empfänger nun vom Sender extrahieren? Wenn die Antenne des Senders 10 pF zur Erde aufweist, dann trägt sie, wenn sie geladen ist, die Energie 1/2 CU^2, also 4.5 mJ. Der Sender lädt und entlädt elektromagnetische Energie von 270 W 30.000-mal pro Sekunde. Wenn der Empfänger jeden 4.5-mJ-Impuls aus den Feldern „saugen" könnte, könnte er höchstens 270 W extrahieren, falls der Zeilentransformator den Strom handhaben kann.

Eine bessere Schätzung ergibt sich aus dem Verbinden der zwei Antennen mit einem Kondensator. Es wird angenommen, dass die Kapazität zwischen den Antennen 1 pF beträgt. Wenn der Lastwiderstand des Empfängers die Resonanzspannung am Empfänger auf einen Wert ansteigen lässt, der 1.414-mal kleiner als die Senderspannung ist, dann liegt ein einfacher Spannungsteiler vor, 30 kV an der Senderantenne, 21 kV am Empfänger. Bei so hohen Spannungen wird das eine Picofarad zwischen den Antennen ein signifikanter Leiter. Der Empfänger kann 35 W ziehen. Wenn es keine Last am Empfänger gibt, würde die Spannung sogar ansteigen, bis sie in der Nähe von 30 kV liegt. Um 35 W aus dem freien Raum zu ziehen, wird eine Sekundärwicklung auf den Kern des empfangenden Zeilentransformators gewickelt und eine Glühlampe angeschlossen.

Falls Tesla einen 1-MW-Sender bei 5 kHz verwendet hat, konnte er wahrscheinlich einige Glühlampen aus 100 km Entfernung zum Leuchten bringen.

Dies ermöglicht im Idealfall, dass 2.500 W empfangen werden. Angenommen, es wird bei 100 Hz gesendet. Die Wellenlänge beträgt 3.000 km, wobei sich der Empfänger wahrscheinlich im Nahfeldbereich des Senders befindet, deshalb kann er einen signifikanten Teil der Energie erfassen. Glaubte Tesla nicht, dass niedrigere Funkfrequenzen besser als hohe Funkfrequenzen wären? Für die Resonanzleistungsübertragung sind sie es, weil die Nahfeldzone einer resonanten Empfangsantenne bei einer niedrigen Frequenz größer ist, gleichwohl bei nicht weniger Leistung vom Sender und nicht weniger an der Antenne vorbeifließender Leistung. Eine kleine Niederfrequenz-Resonatorspule ist „größer", deshalb fängt sie mehr Strahlung auf.

Nichts davon berücksichtigt jedoch den Schumann-Resonator. Wenn die VLF-Funkwellen nicht aus der Atmosphäre entkommen können, dann gilt das inverse quadratische Gesetz nicht länger, wobei die elektromagnetischen Wellen in der Nähe des Empfängers viel stärker sind. Wenn die VLF-Wellen innerhalb des atmosphärischen Resonators gefangen bleiben, dann könnte eine ideale energieabsorbierende Antenne die gesamte Energie des Senders einfangen.

Für Funkempfänger mit rauscharmen Verstärkern wird das ganze Problem unwichtig. Wenn die Antenne zu klein ist, kann das Signal einfach verstärkt werden. Wenn aber Motoren an drahtloser Leistung betrieben werden sollen, ist Funk mit 1 kHz viel besser als mit 1 MHz.

Doch nun zum Experiment 2: Sender und Empfänger arbeiten hier mit jeweils vier Zeilentrafos. Bei f_0 = 30 kHz lassen sich 100 W auf den Empfänger übertragen. Zur Kontrolle dient eine 12-V/100-W-Halogenlampe. In *Abb. 6* wird die komplette Schaltung, bestehend aus dem Sender und dem 100-W-Empfänger, gezeigt. Um die Leistung von 100 W zu übertragen, muss zwischen Punkt A und Punkt B eine leitende Verbindung vorhanden sein. Dafür eignet sich auch ein Bindfaden mit einer Stahlseele von 0,04 mm Durchmesser, und dies, obwohl der Widerstand der Stahlseele fast 1 kΩ pro Meter beträgt. Diese Energieübertragung funktioniert bis auf Entfernungen von 2 bis 3 m. Die Punkte A und B dürfen dabei keinesfalls mit dem Schutzleiter einer 230-V-Steckdose verbunden werden. In diesem Fall kommt keine Energieübertragung mehr zustande. Es wäre auch zu schön gewesen, wenn man an jeder Antenne gegen Schutzleiter Energie hätte abzapfen können. In *Abb. 7* ist die Gesamtanordnung des Experiments 2 zu sehen. Das einadrige Kabel vom Sender zum Empfänger ist rechts im Bild zu sehen. *Abb. 8* zeigt einen detaillierten Blick auf den Sender. Deutlich sichtbar sind die vier Zeilentrafos N3 bis N6 und die mittig angeordnete bifilar gewickelte Spuleneinheit N1/N2. Ein 12-V/17-Ah-Bleiakku versorgt den Sender mit Strom. Links in *Abb. 8* ist der SG 3525-Rechteckgenerator mit den zwei auf Kühlkörper gesetzten MOSFETs zu sehen. Der aufgeklappte Empfänger in *Abb. 9* besteht aus den Zeilentrafo-Spulen N7 bis N10. Die Auskoppelspule N11 befindet sich zwischen den vier Zeilentrafo-Spulen. Links unten am Tragegriff ist die 12-V/100-W-Halogenlampe zu sehen.

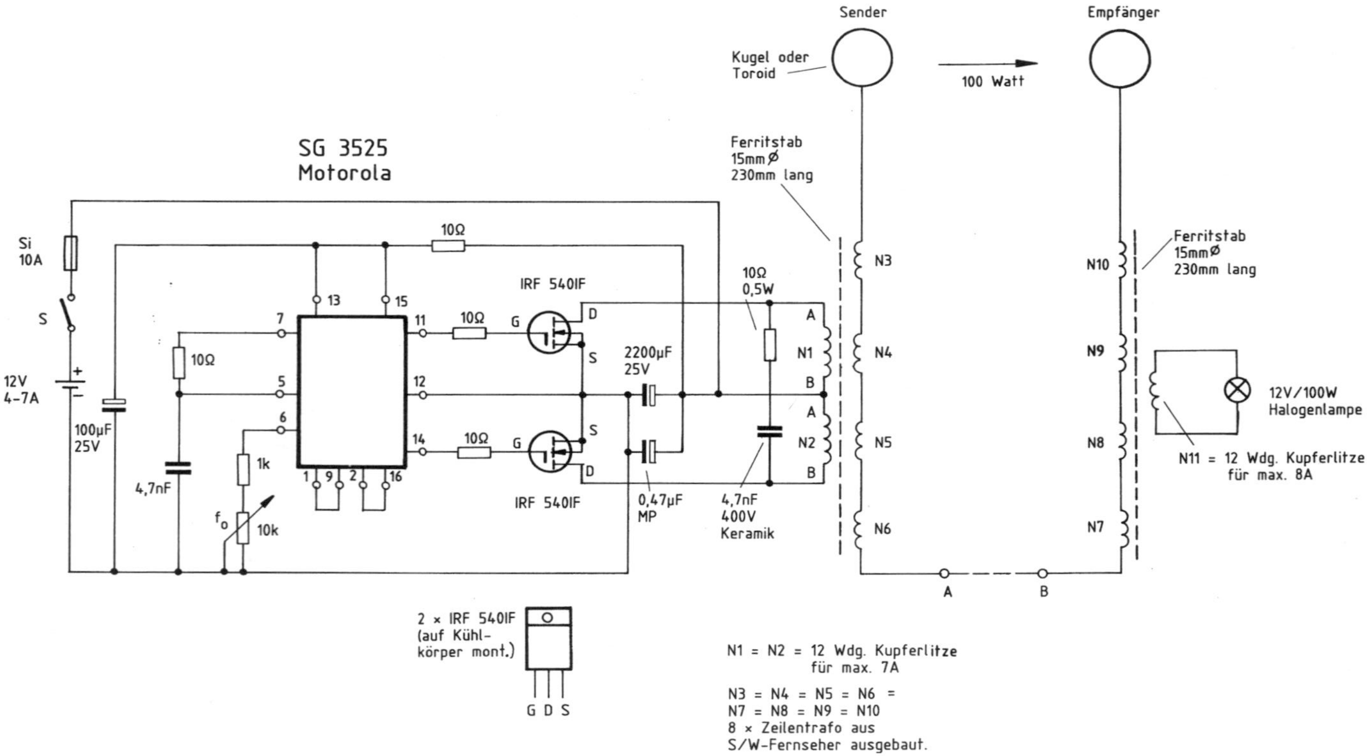

Abb. 6: Energieübertragung nach Tesla mit 100 W übertragener Leistung bei f_0 = 30 kHz

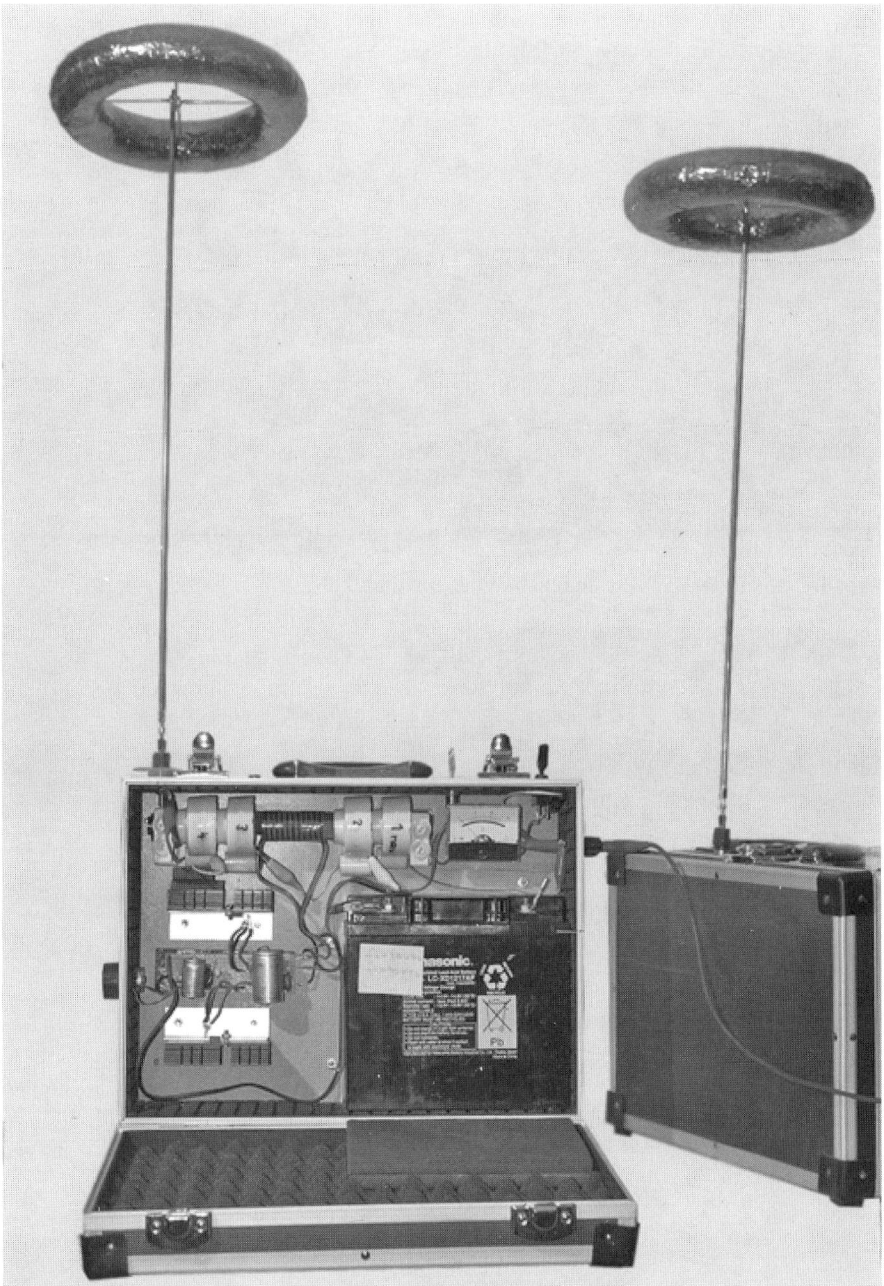

Abb. 7: Gesamtanordnung zur Energieübertragung nach Tesla

Abb. 8: Detaillierter Blick ins Innenleben des Senders

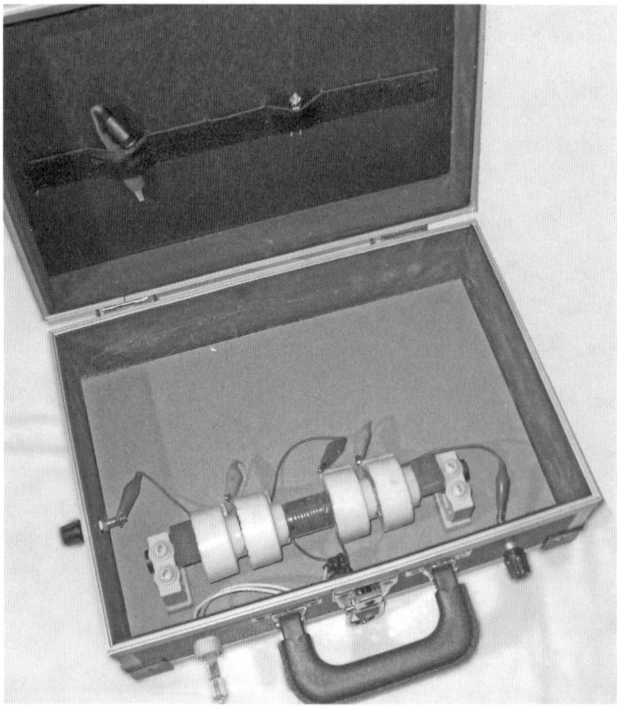

Abb. 9: Blick ins Innere des Empfangskoffers

3 Drahtloses Tesla-Boot

Eine interessante Tesla-Applikation ist in *Abb. 10* dargestellt. Einem kleinen Spielzeugboot soll die Antriebsenergie drahtlos zugesandt werden. Als „Erdleitung" dienen zwei in Salzwasser eingetauchte Kupferfolien. Der Ausgang eines Gegentaktoszillators wird auf einen CB-Nachbrenner (gibt es vereinzelt noch im Internet zu kaufen!) geführt. Von dort wird ein Resonanzkreis zum Schwingen angeregt. Über die Luft und die ins Wasser getauchten Kupferfolien wird die Energie auf einen Empfangsschwingkreis übertragen. Von dort wird ein Teil der HF-Energie mit Schottky-Dioden gleichgerichtet und auf den Antriebsmotor des Tesla-Bootes gegeben. Das Boot hat keine Batterie. Es empfängt die Energie über eine kleine mit Metallfolie überzogene Styroporkugel und das Salzwasser.

Alles ist physikalisch erklärbar. Es sind weder „Skalarwellen", „Neutrinos" noch sonstige aus dem Weltall einströmende Energien im Spiel. Verschiedene Traumtänzer glauben, dass sich damit Perpetuum mobiles mit über 100 Prozent Wirkungsgrad ableiten lassen. Ein Wunschdenken, an dem schon Tesla gescheitert ist.

Der praktische Aufbau der Energieübertragungsanlage geht aus *Abb. 11* bis *Abb. 13* hervor. *Abb. 11* zeigt den im Holzgehäuse eingebauten Gegentaktoszillator einschließlich 5-W-Nachbrenner. Unterhalb der Batterie ist die Sende-Kupferfolie erkennbar. Als Sendeantenne dient eine Christbaumkugel aus Metall. Der Aufbau des Tesla-Bootes geht aus *Abb. 12* hervor. Angetrieben wird das Boot vom Heckteil eines Graupner-Modell-Unterseebootes. Damit das Boot nicht kentern kann, sind rechts und links am Schiffsrumpf zwei Filmdöschen angeklebt. Der Frequenzabgleich wird mittels des schwarzen Skalenrads vorgenommen. Die gesamte Anordnung wird in *Abb. 13* gezeigt. Zur Erzielung eines guten Farbkontrasts wurde das Salzwasser leicht eingefärbt.

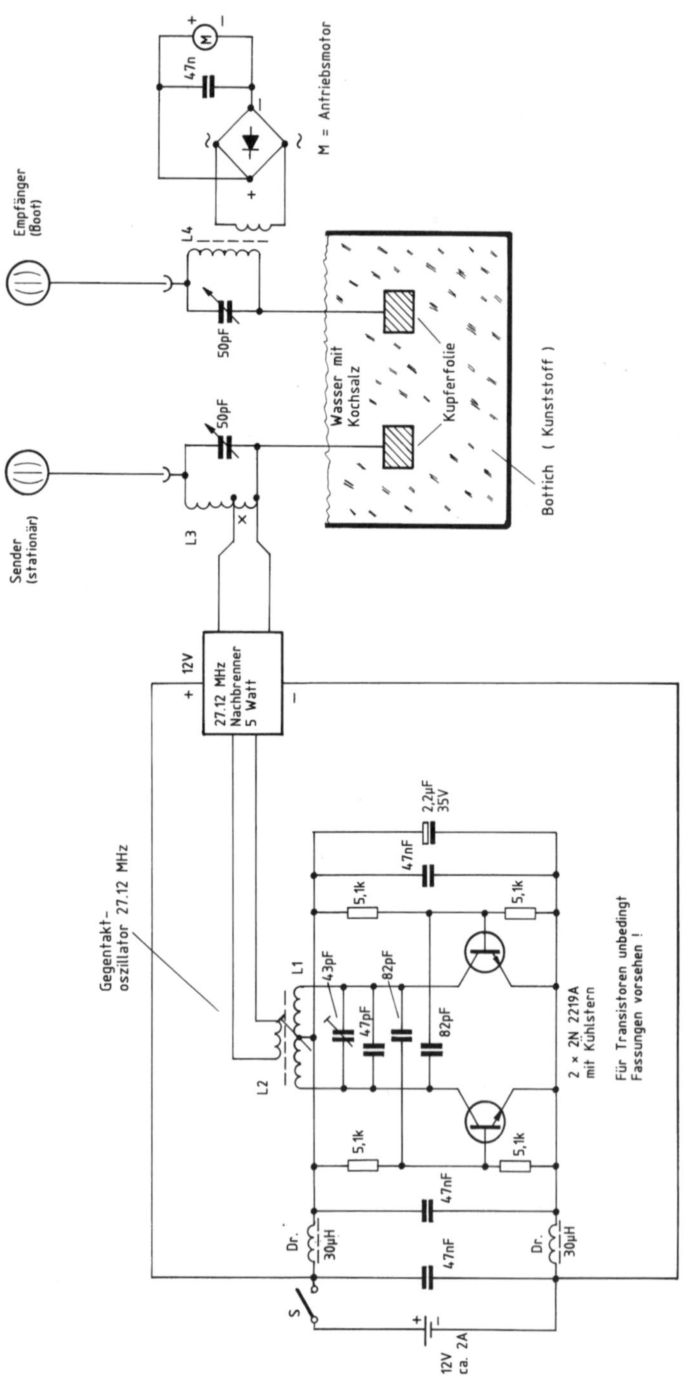

Abb. 10: Schaltung des Tesla-Bootes

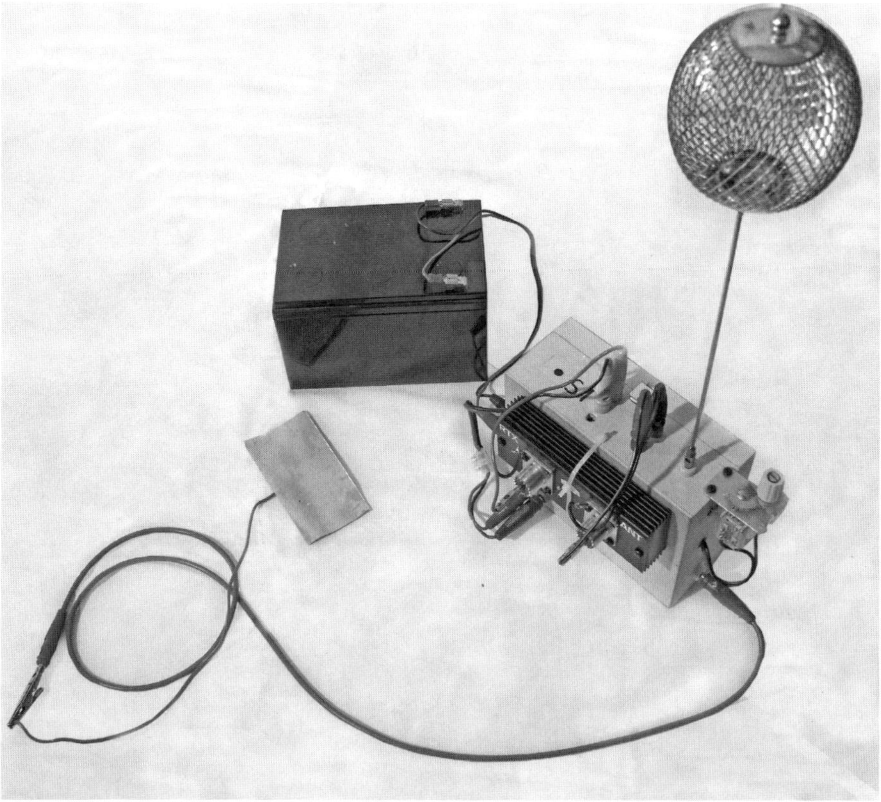

Abb. 11: Aufbau des Gegentaktoszillators mit 5-W-Nachbrenner inklusive Kupferfolie und 12-V-Akku

Abb. 12: Der Aufbau des Tesla-Bootes

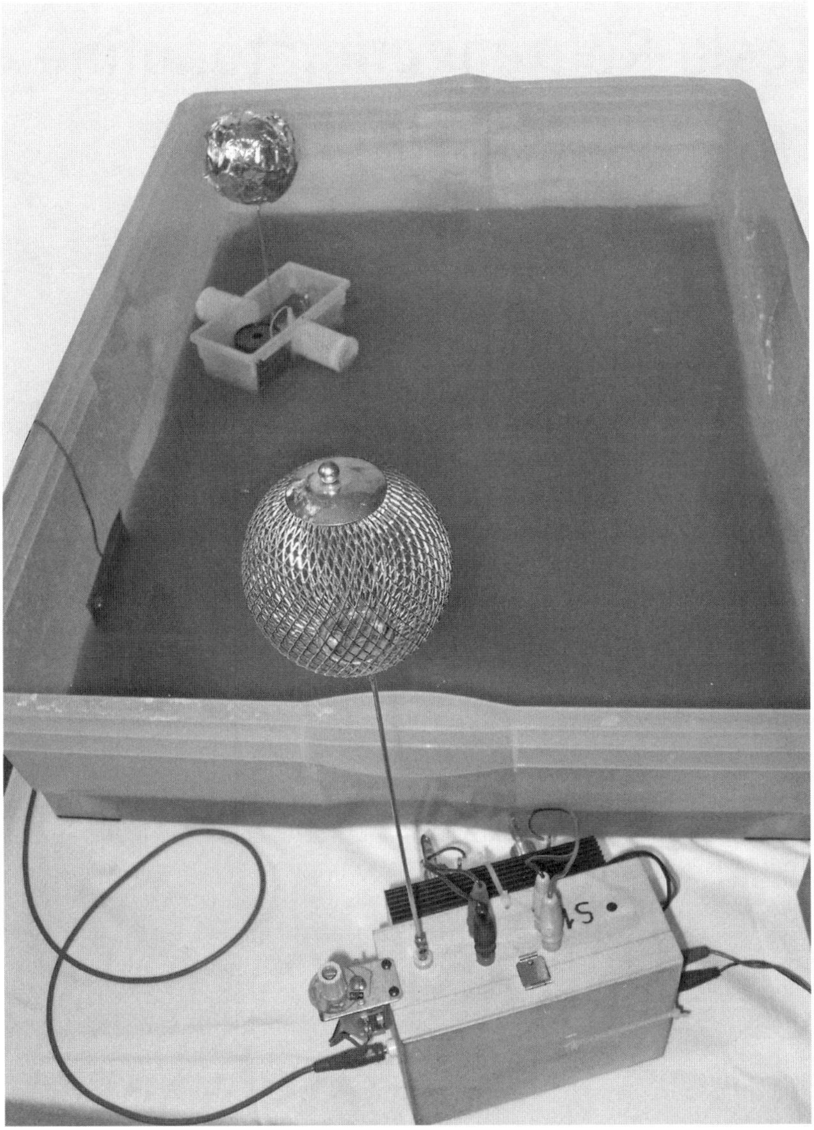

Abb. 13: Energieübertragungsanlage bestehend aus Sender und Tesla-Empfangsboot

4 Tesla-Röhrengenerator ohne Funkenstrecke bei f_0 = 191 kHz (Meißner-Oszillator)

Der Tesla-Generator in *Abb. 14* wurde bereits im Franzis-Buch „Tesla-Experimente" kurz besprochen. In Experiment 4 wird die aus den USA stammende Schaltung (Information Unlimited) konkret aufgebaut. Dabei wurden einige Korrekturen und Verbesserungen vorgenommen. Zunächst handelt es sich um keinen Hartley-Oszillator, sondern um einen Meißner-Oszillator. Die Heizung der Röhre wird aus einem 12-V/100-W-Halogenlampentrafo gespeist. Der Arbeitspunkt der Röhre wird auf ca. 0,3 A eingestellt. Als Messwiderstand dient der 4,7-Ω-/2-W-Widerstand. Aufgrund vagabundierender Hochfrequenz ist die Strommessung mit Fragezeichen zu versehen. Die Anodenstromversorgung übernimmt ein Mikrowellentrafo. Die Wechselspannung wird mit einer Graetz-Brücke gleichgerichtet und mit einem 10-nF/10-kV-Kondensator geglättet. Die Zuleitungen zum Primärresonanzkreis müssen wegen des Skin-Effekts und der hohen Ströme möglichst massiv ausgelegt sein.

Größte Aufmerksamkeit sollte den Schwingkreis- und Rückkopplungskondensatoren zuteil werden. Es dürfen nur Keramikkondensatoren verwendet werden. Wer meint, dass es auch Metallpapierkondensatoren tun, lebt gefährlich. Diese werden erst wahnsinnig heiß und neigen dann zum Explodieren. Falls der Generator nicht anschwingt, müssen die Anschlüsse der Rückkopplungsspule vertauscht werden. Die Resonanzfrequenz liegt bei etwa 191 kHz. Die PVC-Rohre zum Aufbringen der Wicklungen wurden im Baumarkt (OBI) beschafft. Die Röhre 833A liefert die Firma BTB (Tel. 0911/288585). Zwei 230-V-Lüfter sorgen für die Kühlung der Röhre. Mit einem weiteren 230-V-Lüfter werden die 15 Schwingkreiskondensatoren gekühlt. Ohne die Kühlung laufen die Kapazitätswerte weg und verstimmen den Resonanzkreis. Die Lüfter sind im Schaltbild nicht eingezeichnet.

Vor dem Einschalten des Tesla-Generators muss noch ein 5-A-Netzfilter zwischengeschaltet werden, da sonst vagabundierende Hochfrequenz ins 230-V-Netz dringen kann. Obwohl das Filter in der Schaltung nicht eingezeichnet ist, kann darauf keinesfalls verzichtet werden. Das Toroid wurde aus zwei Lüftungsschläuchen der Firma Autoteile Unger (ATU – Augsburg) kreisförmig gebogen. Besonders schöne Funkenüberschläge wurden durch Festklemmen von Reißnägeln am Toroid erzielt.

Mit einer Prüfspitze, die an einem Holzstab befestigt ist, können Funkenüberschläge über mehr als 30 cm erzielt werden. Der große Vorteil des in Röhrentechnik ausgeführten Generators ist der Verzicht auf eine Funkenstrecke, die erfahrungsgemäß hin und wieder zu Störungen und Ausfällen führt.

Haushaltsübliche Leuchtstofflampen leuchten noch in einem Abstand von 2 bis 3 m. Wer Radiostörungen im Lang- und Mittelwellenbereich vermeiden will, sollte den Generator nicht zu lange einschalten.

Ein großer Vorteil von Röhrengeneratoren ist, dass sie robuster und gutmütiger sind als MOSFETs und IGBTs. *Abb. 15* zeigt den kompletten Tesla-Generator in Röhrentechnik. In *Abb. 16* sind einige Details zu erkennen. Im linken Bildteil ist die Röhre zu erkennen. Im hinteren Bildabschnitt sieht man die Resonanzkreisspule mit der übereinander angeordneten Rückkopplungsspule (schwarz). In der Bildmitte ist der MP-Kondensator 10 nF/10 kV zu erkennen. Rechts folgen dann die zwei übereinander angeordneten 230-V-Lüfter. Im rechten Bildteil sind der Halogenlampentrafo und der Mikrowellentrafo zu sehen. Der Anodenanschluss der Röhre ist mit einem kleinen Kühlkörper versehen, der zur Kühlung der Röhre beiträgt. Der komplette Generator kann über den Autor bezogen werden (Adresse im Anhang).

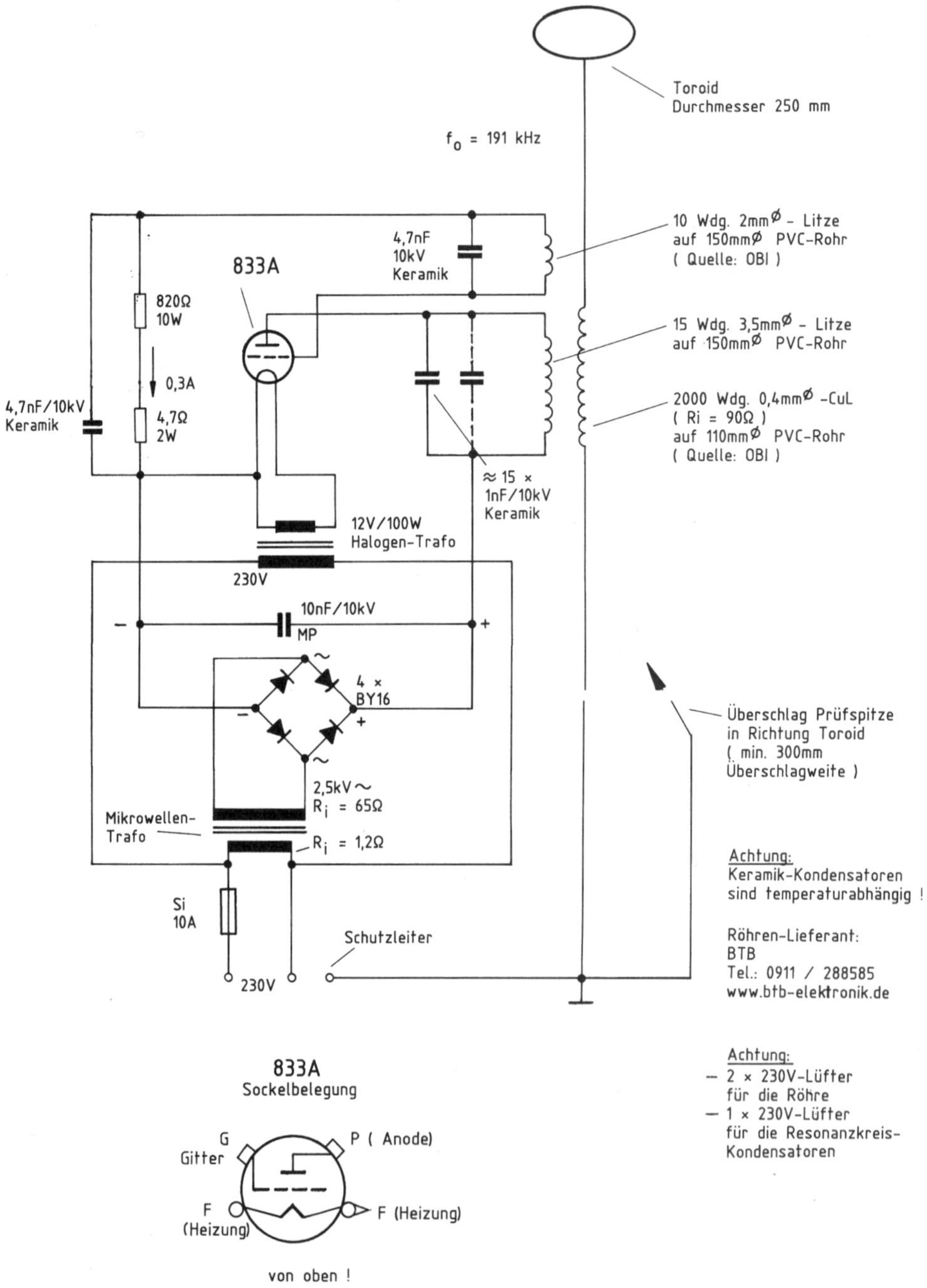

Abb. 14: Schaltung des Tesla-Generators ohne Funkenstrecke bei $f_0 = 191$ kHz

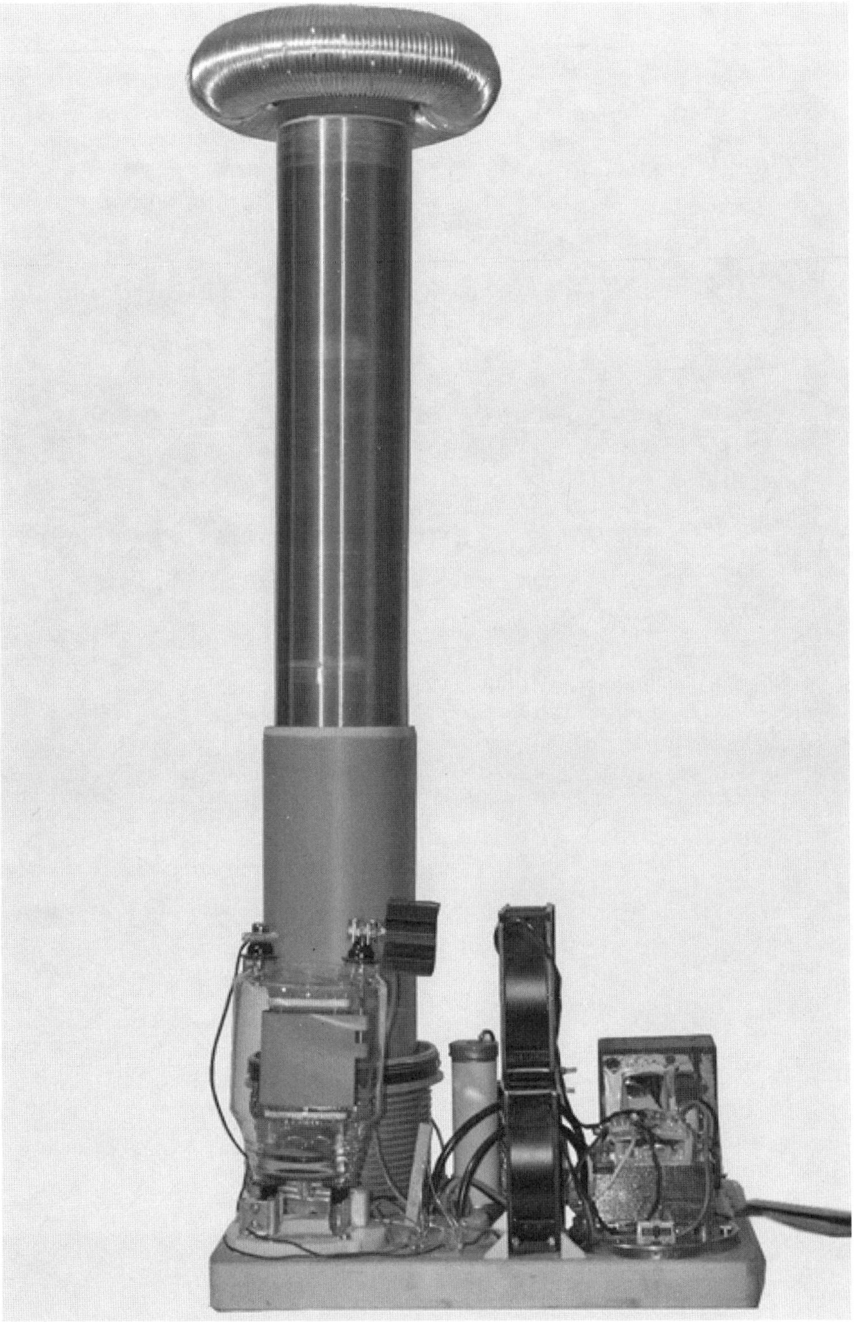

Abb. 15: Aufbau des kompletten Tesla-Generators in Röhrentechnik

Abb. 16: Blick auf die Röhrenseite des Tesla-Generators

5 Das Tesla-Teelicht

Eine originelle Anwendung eines Tesla-Generators ist in *Abb. 17* zu sehen. Die in vielen Applikationen erprobte Schaltung aus *Abb. 18* steuert einen Mini-Zeilentrafo an. Die Sekundärspule des Mini-Zeilentrafos wird auf ein spezielles Teelicht geführt. Dabei führt ein Pol auf den leitfähigen Docht des Teelichts und der andere Pol auf eine außen angebrachte Metallklammer. Durch Drücken der weißen Drucktaste am linken Bildrand wird der Generator in Betrieb genommen. Dadurch kommt es zu einem Lichtbogen zwischen den beiden Polen bzw. Elektroden.

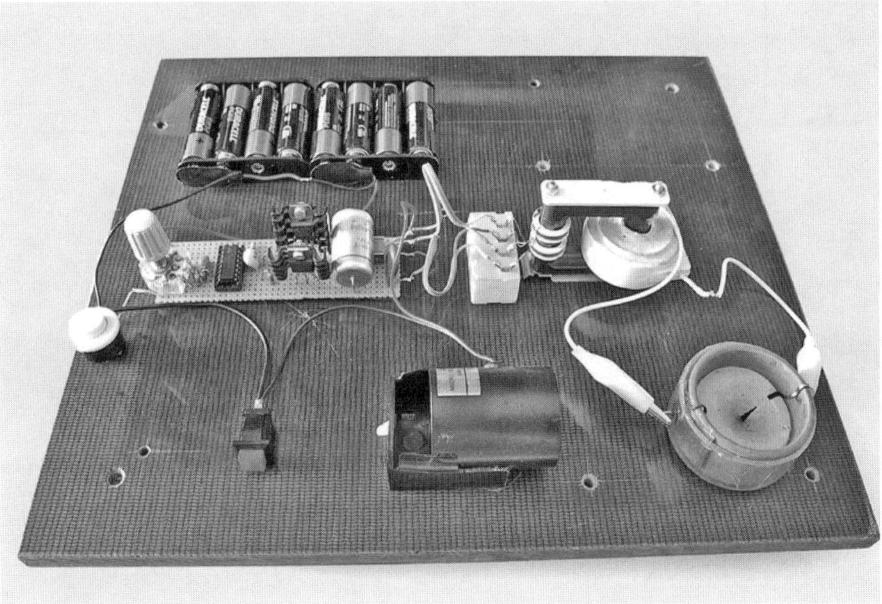

Abb. 17: Das Tesla-Teelicht

Die entstehende Hitze bringt das Wachs zum Verdampfen. Gleichzeitig zündet der Lichtbogen den Docht des Tesla-Lichts, sodass die Flamme zu brennen beginnt. Zum Löschen der Flamme dient ein kleiner Ventilator, der mittels der schwarzen Drucktaste betätigt wird. Mit dem 10-kΩ-Potentiometer wird die Zündspannung optimal eingestellt. Da der Zündvorgang mittels eines hochfrequenten Hochspannungsimpulses ausgelöst wird, besteht für den Anwender keine Gefahr eines elektrischen Schlags.

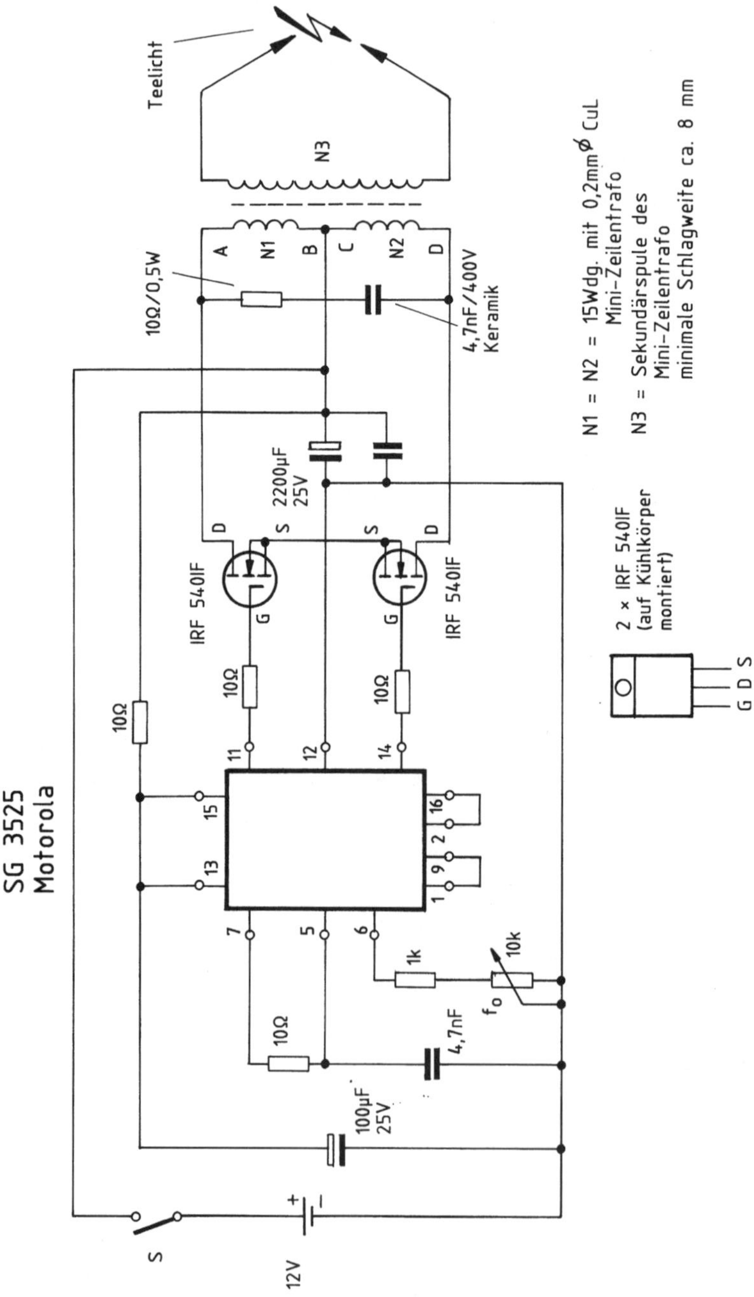

Abb. 18: Die Schaltung des Tesla-Teelichts

Das Tesla-Teelicht kann auch über die Netzspannung betrieben werden. Dazu benutzt man elektronische Konverter, welche die schweren Halogentrafos immer mehr verdrängen. In *Abb. 19* wird zur Demonstration ein Zeilentrafo von einem elektronischen Konverter der Firma Vossloh-Schwabe (Typ EST 105/12) angesteuert. Mit dem Konverter können Halogenlampen bis 100 W betrieben werden. Der Konverter-Ausgang liefert eine hochfrequente Spannung von ca. 100 kHz. *Abb. 19* zeigt den damit erzielbaren kräftigen Lichtbogen. Doch nun zurück zum Tesla-Teelicht, das auf die gleiche Weise angesteuert werden kann. In *Abb. 20* ist nun das konverterbetriebene Teelicht zu sehen. Die 9-V-Blockbatterie dient zur Inbetriebnahme des Flammenlöschventilators. In *Abb. 21* wird gezeigt, wie das abgebrannte Teelicht durch ein neues ersetzt werden kann. Wer Interesse hat, das Tesla-Teelicht nachzubauen, sollte sich im Modellbauhandel Carbon-Fasern beschaffen. Dieses Material eignet sich am besten zur Herstellung des Dochtes. Die Fasern sind leitfähig und transportieren das heiße Wach nach oben.

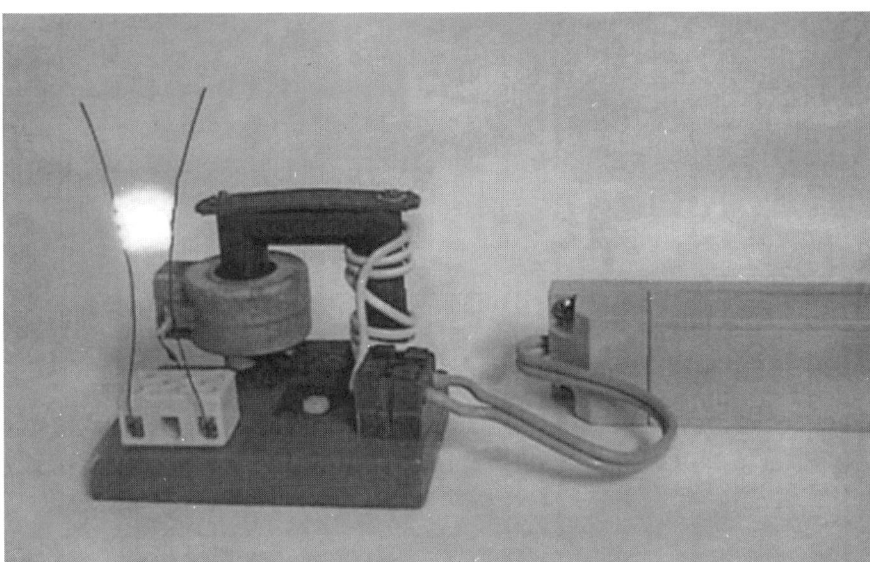

Abb. 19: Netzansteuerung des Teelichts

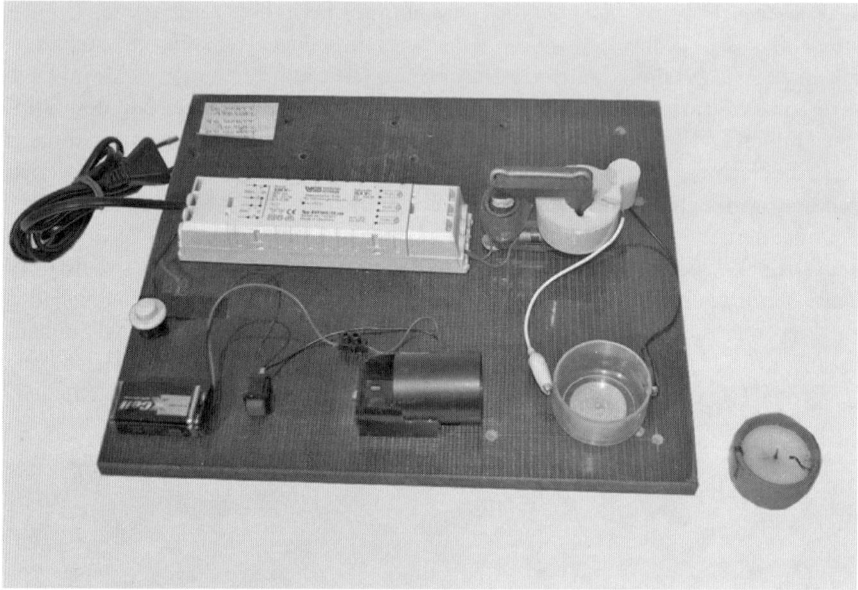

Abb. 20: Das konverterbetriebene Tesla-Teelicht

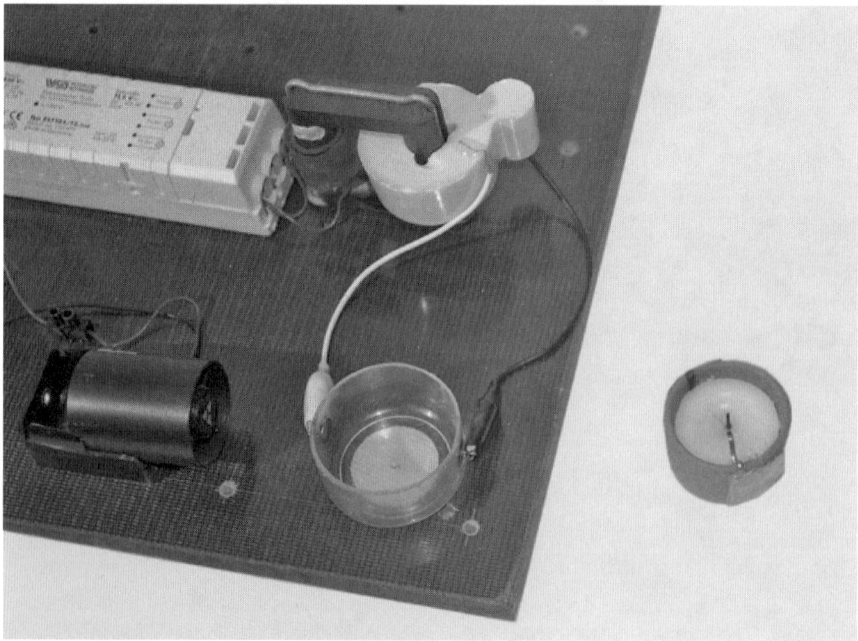

Abb. 21: Austausch des abgebrannten Teelichts

6 Die wandernde Tesla-Lichtwelle in der Leuchtstoffröhre

Eine weitere originelle Tesla-Applikation wird in *Abb. 22* gezeigt. Es handelt sich um eine wandernde Lichtwelle in einer Leuchtstofflampe. Wenn die Welle am Ende der Leuchtstoffröhre angekommen ist, erlischt sie und der Zyklus beginnt von Neuem.

Die Schaltung eignet sich auch zum Betrieb einer Plasmakugel. Der Transistoroszillator mit dem MJ 8501 schwingt auf etwa 20 kHz. In der Emitterleitung dieses Transistors befindet sich ein 2N 3055. Die Verstärkung des MJ 8501 ist für die Höhe der Ausgangsspannung verantwortlich. Die Verstärkung des 2N 3055 kann durch dessen Basisanschluss gesteuert werden. Die Höhe der Ausgangsspannung (HV) kann mittels des 5-kΩ-Potentiometers verändert werden.

Wenn der Schalter S in der oberen Position ist, wird die mit dem Unijunction-Transistor 2N 2646 erzeugte Sägezahnspannung auf die Basis des 2N 2222 gegeben. Die Wiederholfrequenz des Sägezahngenerators kann mittels des 1-MΩ-Potentiomenters und des Elektrolyt-Kondensators (200 bis 1.000 µF) variiert werden.

Wenn der Schalter S in der unteren Position ist, kann über den Audio-Anschluss Musik eingespielt werden.

Wer weder eine wandernde Lichtwelle noch einen Sägezahnbetrieb will, kann den 2N 2222 mit einem kleinen Stecker kurzschließen. Nun kann die HV-Ausgangsspannung von Hand geregelt werden.

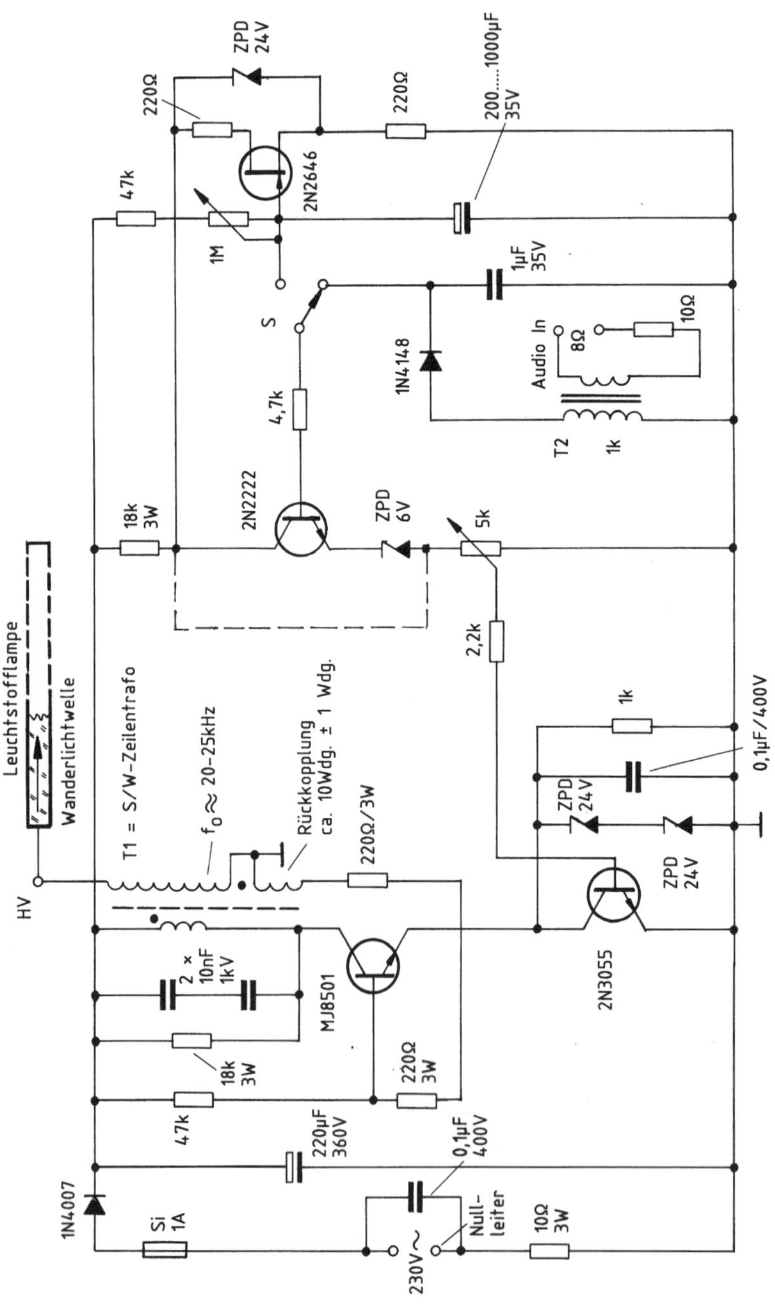

Abb. 22: Schaltung der wandernden Tesla-Lichtwelle in der Leuchtstoffröhre

7 Tesla-Generator mit der Röhre PL504

Wer sich auf gefahrlose Weise mit den Eigenschaften eines Tesla-Generators vertraut machen will, kann die Schaltung aus *Abb. 23* aufbauen. Die Schaltung stammt von Burkhard Kainka, einem der Starautoren des Franzis Verlags. Der Generator wird mit einem 24-V-Stecker-Netzteil betrieben. Das Netzteil liefert sowohl die Heizspannung als auch die Anodenspannung (60 V) durch eine Spannungsverdopplung. Der Aufbau des Tesla-Generators ist in *Abb. 24* zu sehen. *Abb. 25* zeigt den Betrieb mit einer Leuchtstofflampe.

Die 30 cm lange Tesla-Spule wird mit 1.000 Windungen Kupferlackdraht von 0,3 mm Durchmesser bewickelt. Der Durchmesser des PVC-Rohres beträgt 1,5 cm. Als Eigenresonanz wurden 6,6 MHz gemessen. Den 1-pF-Koppelkondensator gibt es nicht zu kaufen. Hier muss improvisiert werden. Am besten bringt man ein angelötetes Kupferplättchen in die Nähe der Tesla-Spule. Der 500-pF-Luftdrehkondensator wird auf maximale Resonanzspannung abgeglichen. Als Anzeige dient zum Beispiel eine kleine Leuchtstoffröhre oder eine Energiesparlampe.

Die Kugelelektrode kann gefahrlos berührt werden. Da die HF-Energie nicht in den Körper eindringt, erhält man auch keinen elektrischen Schlag. An der Überschlagsstelle kommt es hauptsächlich zu einer Erwärmung bzw. zu leichten Verbrennungen.

Defekte 230-V-Energiesparlampen können mit dem Tesla-Generator wieder in Betrieb genommen werden, meistens sind nur die Heizfäden defekt, die aber nur zur Zündung benötigt werden. Die hohe Feldstärke des Tesla-Generators sorgt für eine zuverlässige Ionisierung des Gases.

Da 60 V Anodenspannung für die PL 504 doch ein bescheidener Wert sind, wird die Betriebsspannung in *Abb. 26* auf 110 V erhöht. Der Generator schwingt nun kräftiger und zieht deshalb beachtliche Funken. An den Berührungsstellen mit der Haut kommt es zu kleinen punktförmigen Verbrennungen.

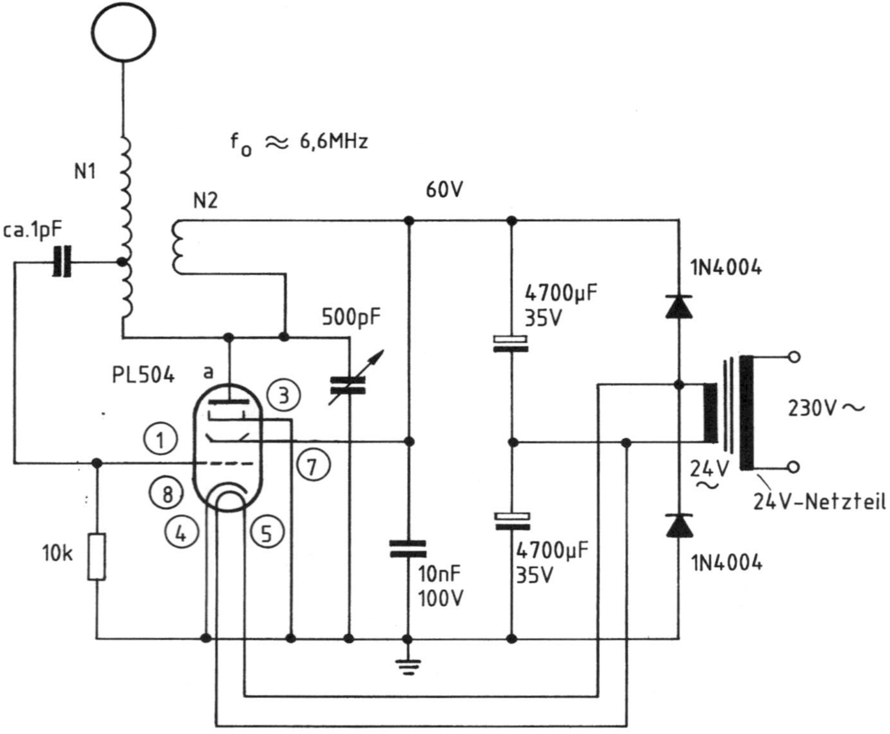

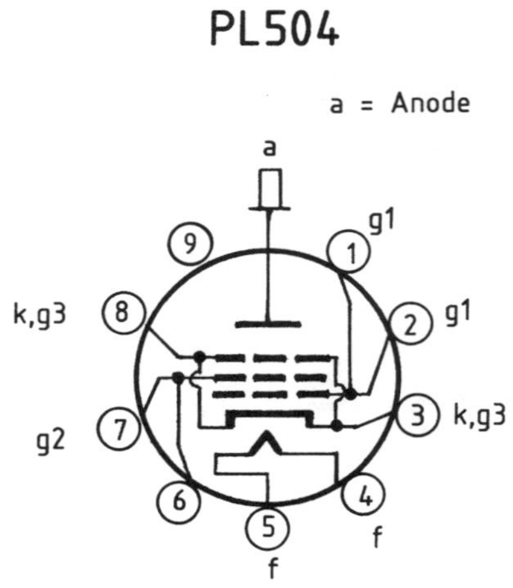

N1 = 1000 Wdg. mit 0,3mmØ CuL
auf PVC-Rohr mit 18mm Durchmesser
(Elektroinstallationsrohr)

N2 = 20 Wdg. mit 1,2mm-KupferlitzeØ
und Isolation

Abb. 23: Schaltung des Tesla-Generators PL 504

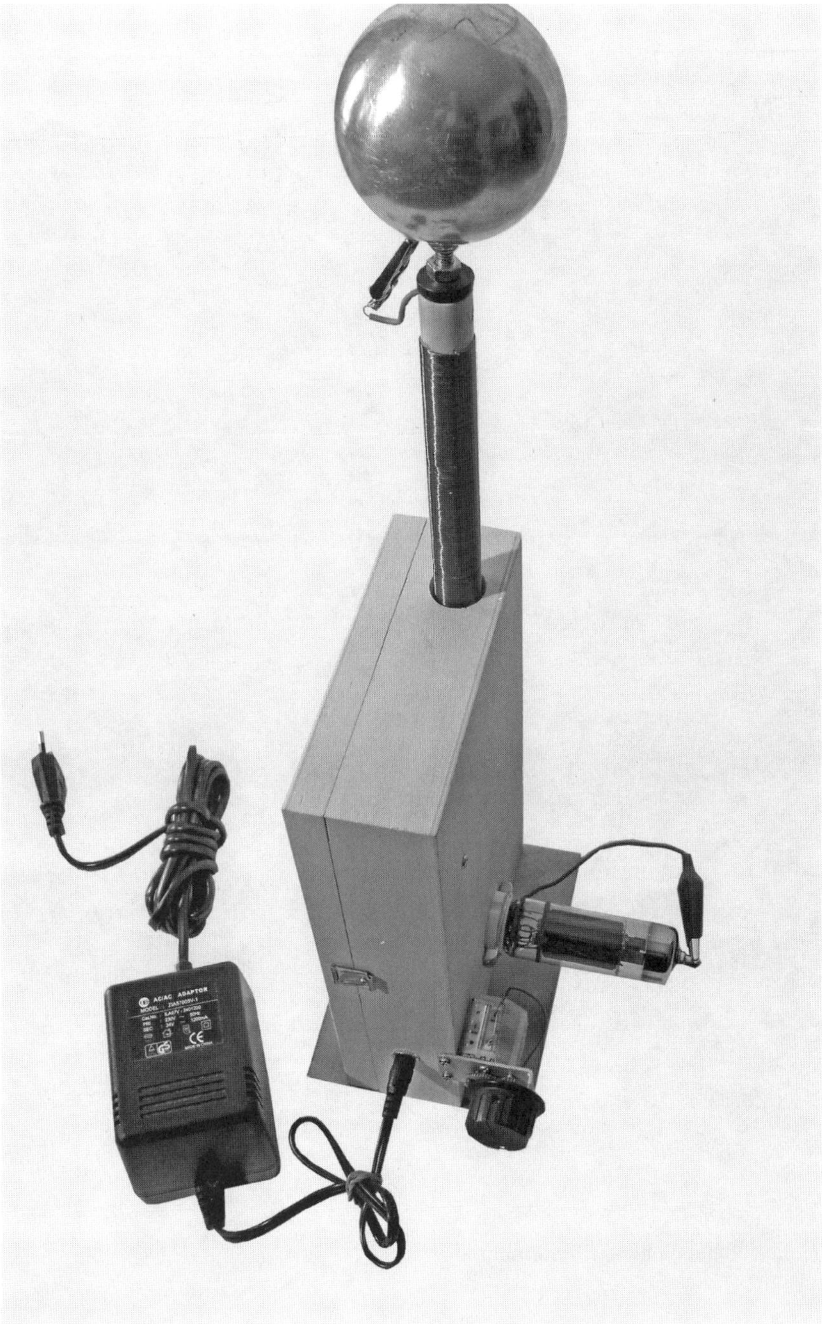

Abb. 24: Aufbau des Tesla-Generators mit der Röhre PL 504

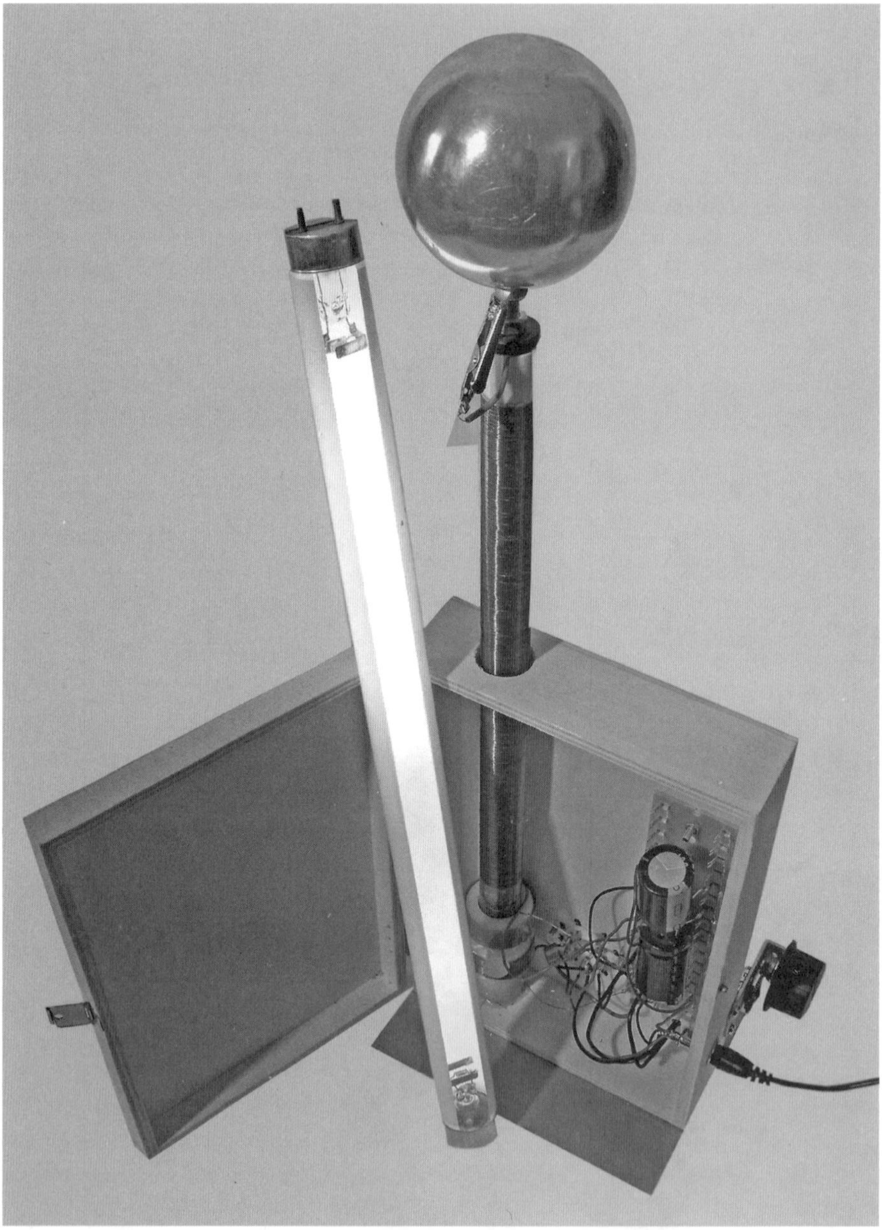

Abb. 25: Betrieb mit einer Leuchtstofflampe

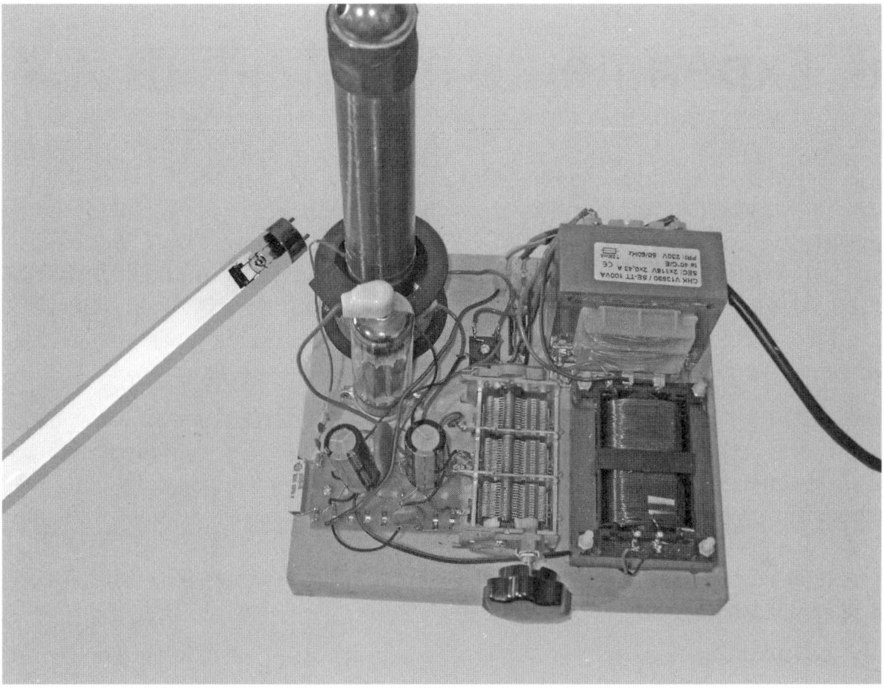

Abb. 26: Leistungssteigerung des Tesla-Generators durch 110-V-Betrieb

8 Experimente mit Magnetrons

Das Magnetron als Mikrowellengenerator war ein Kind des Zweiten Weltkriegs. Wahrscheinlich hat es den Ausgang des Kriegs mehr beeinflusst, als gemeinhin angenommen wird. Das Magnetron ermöglichte die Erzeugung leistungsstarker Mikrowellen und damit den Bau hocheffektiver Radargeräte. Diese waren so empfindlich, dass sie sogar Sehrohre getauchter U-Boote auf große Entfernung und bei völliger Dunkelheit entdecken konnten. Durch ihre massenweise Installation an Land, auf See und in Flugzeugen hat manche Schlacht einen anderen Verlauf genommen als erwartet.

Das Hohlraum-Magnetron wurde in England unter Zeitdruck erfunden. Obwohl die Engländer bereits ein Küstenradar zur Signalisierung einfliegender Feindverbände installiert hatten, waren die verwendeten Frequenzen viel zu niedrig und damit die Antennenlängen viel zu groß. Um kompakte Radargeräte zu bauen, die auf Schiffe und Flugzeuge passten, musste mit kürzerer Wellenlänge gearbeitet werden. Allerdings wusste in den frühen Kriegsjahren noch niemand, wie leistungsstarke Mikrowellen erzeugt werden können.

Im Jahre 1940 entwickelten die beiden Engländer Randall und Boot das Hohlraum-Magnetron. *Abb. 27* zeigt den Prototyp. Ein Schnitt durch ein modernes Magnetron ist in *Abb. 28* zu sehen. Die Erfinder waren begeistert über die Ausgangsleistung von über 400 W bei einer Wellenlänge von 10 cm. Dies war 100-mal so viel, wie bisher von irgendjemandem auf dieser Frequenz erzeugt worden war. Nun konnte das Sehrohr eines getauchten U-Bootes in 10 km Abstand detektiert werden.

Wer heute einen Mikrowellenherd in Betrieb nimmt, sollte sich bewusst werden, dass der Krieg auch der Vater des Magnetrons ist. In *Abb. 29* ist der deutsche Nachbau des englischen Magnetrons CV 76 zu sehen. Es stammt aus einem abgeschossenen Bomber bei Rotterdam. Es verfügte über folgende Daten:

$U_f = 6{,}3$ V

$I_f = 2$ A

$U_a = 16$ kV

$I_a = 10–12$ A

Magnetfeld: 1.500–2.100 G

Impulsleistung: 15 kW bei 9,1 cm

In folgenden deutschen Radargeräten kam der Nachbau zum Einsatz:

Barbara, Berlin, Euklid, Korfu, Niendorf, Panorama Z, Renner, Rotterdam

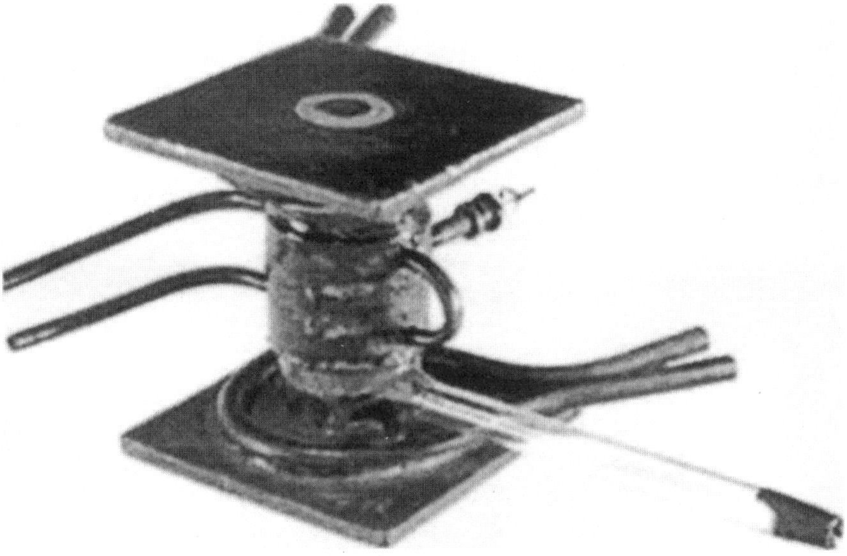

Abb. 27: Prototyp des englischen Hohlraum-Magnetrons

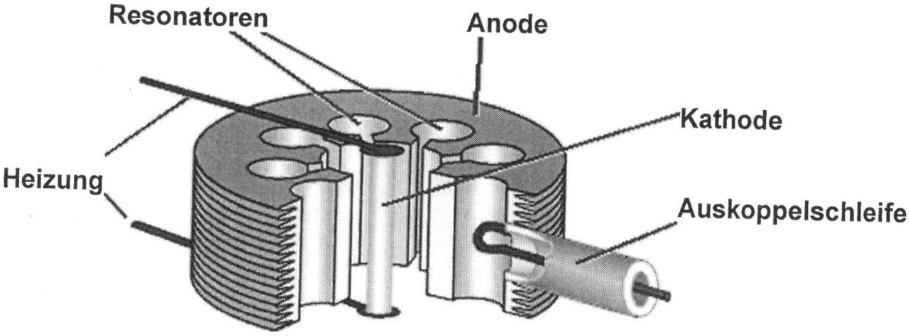

Abb. 28: Schnitt durch ein modernes Magnetron

Links in *Abb. 29* ist die koaxiale Auskopplung für die Hochfrequenz zu sehen, rechts die beiden Zuführungen für die Heizung. Die Messinglamellen außen am Gehäuse dienten der Luftkühlung.

Das eigentliche System war in einem massiven Kupferblock untergebracht und bestand aus einer Mittelbohrung, dem sogenannten Wechselwirkungsraum, der von acht weiteren Bohrungen umgeben war.

Die gefährliche Seite der Mikrowellen

Bei Bestrahlung mit Mikrowellen unterscheidet man zwischen thermischen und nicht thermischen Wirkungen. Die thermischen Wirkungen sind aufgrund des Gebrauchs von Mikrowellenherden allgemein bekannt. Mikrowellenherde arbeiten auf der thermisch besonders wirksamen Wellenlänge von 12,25 cm bzw. einer Frequenz von 2.450 MHz. Ein dieser Frequenz ausgesetztes Steak wird durch die Tiefenwirkung der Mikrowellen gleichmäßig durchgebraten. Da die Oberflächenerhitzung sich von der Erhitzung in etwa 1 cm Gewebetiefe nicht unterscheidet, bekommt das Steak jedoch keine schöne Farbe.

Abb. 29: Der deutsche Nachbau des englischen Magnetrons CV 76

Bei der Einwirkung von Mikrowellen auf Lebewesen sind die durch Wärmeentwicklung besonders gefährdeten Stellen die Genitalien (Impotenz) und die Augen (grauer Star). Um die von „undichten" Mikrowellenherden ausgehenden Gefahren abzuwenden, gibt es Prüfgeräte zur Detektion vagabundierender Mikrowellenstrahlung. *Abb. 30* zeigt ein derartiges Gerät von Conrad Electronic. *Abb. 31* zeigt ein Haushaltsmagnetron zur Mikrowellenerzeugung.

Abb. 30: Mikrowellenprüfgerät von Conrad Electronic

Abb. 31: Haushaltsmagnetron

Die Gefahrengrenze für thermische Wirkungen von Mikrowellen wurde auf 10 mW/cm^2 festgelegt. Die nicht thermischen Wirkungen von Mikrowellen sind jedoch weitaus tückischer. Dies gilt besonders für die gepulste Ausstrahlung von Mikrowellenenergie.

Unter Berücksichtigung der nicht thermischen Effekte der Mikrowellenstrahlung wurde in Russland die Sicherheitsgrenze auf 0,01 mW/cm^2 gelegt. Untersuchungsergebnisse bestätigen die Notwendigkeit dieser Maßnahme. So wurden bei Personen, die im Nahbereich von gepulsten Hochfrequenzgeneratoren arbeiten, neurotische Symptome, Herzrhythmusstörungen, Arm- und Beinkribbeln, rasche Ermüdbarkeit, nächtliche Schlafstörungen, hohe Schweißabsonderung, Schwindelgefühle und extreme Nervosität festgestellt. Symptomatisch waren generell Störungen innerhalb des vegetativen Nervensystems und der Gehirnnervenfunktion.

Offenbar kommt es zu einer Stimulation von Nervenzellen, die zu Änderungen der Erregbarkeit, zu Abweichungen der Biopotenziale und zur Änderung der Weiterleitungsgeschwindigkeit von Anregungen führt. Die Ausbildung von stehenden Wellen innerhalb des Kopfes bei bestimmten Resonanzfrequenzen kann zu vorübergehenden Lähmungserscheinungen des Bewegungsapparats führen. Erfolgt die Bestrahlung von oben, werden die Körpermotorik und die sensorischen Sinne (Temperatur, Berührung usw.) gestört.

Wird der Kopf von hinten bestrahlt, kann sich dies auf den Sehvorgang und das Wahrnehmungsvermögen auswirken. Die Bestrahlung von vorne soll angeblich zu Koordinationsstörungen des motorischen Handlungsablaufs führen. Bei Versuchen mit Hühnern und Kanarienvögeln wurde festgestellt, dass schon relativ kleine hochfrequente Leistungsdichten zu Koordinationsstörungen führen, wie sie sonst nur durch Alkoholaufnahme entstehen.

In naher Zukunft ist damit zu rechnen, dass gepulste Mikrowellenstrahlung auch zur Manipulation des Menschen eingesetzt wird. In den Labors der Geheimdienste wird daran zweifellos zielstrebig gearbeitet. Es ist dabei sicher keine abstrakte Überlegung, dass Gedanken oder Steuerungsabläufe im Gehirn bei entsprechender Frequenz und Leistungsdichte sowie entsprechendem Impuls-Pause-Verhältnis in irgendeiner Weise manipuliert werden können. Eine Reihe von Versuchen scheinen diese Vermutung bestätigt zu haben. So wurde in den USA eine Studie durchgeführt, welche die durch gepulste Mikrowellen erzeugten akustischen Phänomene analysieren sollte. Auf Entfernungen von mehreren Hundert Metern konnten bei entsprechender Modulation Geräusche innerhalb des Gehirns induziert werden. So war es zum Beispiel möglich, ohne Begleiterscheinungen wie Schwindel oder Übelkeit laut empfundene Schlaggeräusche zu induzieren. Die folgende Tabelle zeigt unter anderem, dass die für solche Effekte erforderliche Leistungsdichte relativ niedrig ist:

Tab.1

Sender	Frequenz [MHz]	Wellenlänge [cm]	Impulsbreite [μs]	Impulse pro sec	Tastverhältnis	Mittlere Leistungs-dichte [mW/cm²]
1	1310	22.9	6	244	0.0015	0.4
2	2982	10.4	1	400	0.0004	2.1
3	425	70.6	125	27	0.007	1.0
4	425	70.6	250	27	0.007	1.9
5	425	70.6	500	27	0.014	3.2
6	425	70.6	1000	27	0.028	7.1

Die Versuche wurden bei Umgebungsgeräuschpegeln von 70 bis 90 dB durchgeführt, wobei durch Tragen von Ohrstöpseln der Geräuschpegel im Ohrinnenraum auf 30 dB gesenkt wurde.

Es wurde festgestellt, dass hohe Frequenzanteile leichter zu übermitteln waren als tiefe. Angeblich soll die Fernübertragung von Tönen noch bei Leistungsdichten von nur 3 $\mu W/cm^2$ möglich sein. Dies spricht für eine hohe Sensibilität des Gehirns für gepulste hochfrequente Wechselfelder, wenn man bedenkt, dass die Schädeldecke 90 Prozent der Strahlung abschirmt. Nach vorliegenden Berichten soll sich gepulste Hochfrequenz zur Schlaftherapie und Elektronarkose gut bewährt haben.

So sollen Hochfrequenzgeneratoren, angeblich im Frequenzbereich zwischen 50 kHz und 15 MHz, angeblich mit den EEG-Signalen des Patienten moduliert worden sein, um eine örtliche Betäubung von Armen und Beinen bei normalem Wachbewusstsein hervorzurufen. Die Hochfrequenzenergie wird dabei nicht drahtlos, sondern über Elektroden an den Schläfen zugeführt, wobei die maximale Stromstärke 5 mA beträgt.

Angeblich eignet sich nicht nur Amplitudenmodulation, sondern auch Frequenzmodulation zur Erzielung der gewünschten Effekte. Es wird vermutet, dass Zellmembranen wie Gleichrichterdioden arbeiten und die aufmodulierten Impulse demoduliert werden. In vielen Labors wird daran gearbeitet, den Elektroschlaf ohne Elektroden aus der Ferne herbeizuführen. Neben Herzschrittmachern gibt es heute schon automatische Nervenschrittmacher. Der Nervenschrittmacher wird unterhalb des Schlüsselbeins implantiert. In der unmittelbaren Nähe der Karotis-Sinus-Nerven an der Gabelung der Halsschlagader werden zwei Platin-Reizelektroden befestigt, welche vom Nervenschrittmacher angesteuert werden. Bei elektrischer Reizung senden die Nerven zusätzliche bioelektrische Impulse aus, welche die Wirkung der Karotis-Sinus-Nerven auf das Kreislaufzentrum verstärken. Damit wird ein höherer Blutdruck vorgetäuscht. Die Kreislauf-Regelzentrale im Gehirn sorgt daraufhin für eine automatische Absenkung des Blutdrucks. In Abhängigkeit von der Herzschlagfolge und dem Blutdruck wird so die Stimulation der Karotis-Sinus-Nerven geregelt.

Da der Bewegungsapparat ebenfalls von Nerven gesteuert wird, kann durch die elektrische Reizung dieser Nerven die gesamte neuromuskuläre Körperstruktur trainiert werden. So werden heute zum Beispiel Gehstörungen mit Impulswiederholfrequenzen von 40 Hz und Impulsdauern von 10 µs bis 350 µs behandelt. Die Geräte müssen hohen Sicherheitsanforderungen genügen, da 0,2 bis 0,5 Sekunden andauernde Impulse gefährliche Muskelkontraktionen auslösen können.

Auch eine selektive Reizung von Nerven durch drahtlose Zuführung von hochfrequenter Energie wäre denkbar. So konnte bereits nachgewiesen werden, dass hochfrequente Strahlung im Gigahertz-Bereich von isolierten Nervenzellen empfangen werden kann. Je nach Ausrichtung der Hochfrequenzsendeantenne konnte die Eigenimpulsrate von Nervenzellen um den Faktor 10 variiert werden.

Die Beeinflussung von Nerven durch gepulste Mikrowellen kann auch auf einem Resonanzeffekt der elektrischen Nervenleitung beruhen. So wurden bei Bestrahlung von Kleintieren mit gepulsten Mikrowellen vorübergehende Lähmungserscheinungen beobachtet. Bei einer mittleren Leistungsdichte von 10 mW/cm^2 ist innerhalb des menschlichen Gewebes mit elektrischen Feldstärkewerten je nach Frequenz von mehreren Hundert Millivolt pro Zentimeter zu rechnen.

Dies lässt die Möglichkeit erkennen, dass mittels gepulster Einstrahlung hochfrequenter Energie künstliche Nervenimpulse induziert werden können, die sich größenordnungsmäßig von den körpereigenen Aktionspotenzialen nicht unterscheiden.

Sobald von außen zugesandte Störimpulse sich mit den körpereigenen motorischen Nervenimpulsen so überlagern, dass Auslöschung eintritt, kommt es zu Lähmungserscheinungen. Theoretisch müssten Störimpulse mit einer Impulswiederholrate von 500 Hz natürliche Nervenimpulse nicht nur auslöschen, sondern mit Falsch-Impulsen überfluten. Die empirische Darstellung dieser Zusammenhänge ist in *Abb. 32* wiedergegeben.

Somit wäre es mit 500-Hz-Impulswiederholraten möglich, die vom Gehirn über das Rückenmark zu den motorischen Nervenenden laufenden Nervenimpulse zu blockieren. Die Auswirkungen auf den Bewegungsapparat wären den Vergiftungssymptomen des Curare-Pfeilgifts ähnlich, und zwar Lähmung der Extremitäten. Nach unbestätigten Berichten sollen von unbekannten Flugobjekten (sogenannten UFOs) Frequenzen von ca. 3 GHz mit Impulswiederholraten von 600 Hz und einer Impulsdauer von 2 µs ausgestrahlt werden.

Auch sensorische Nervenbahnen sollen mittels gepulster Mikrowellenstrahlung beeinflussbar sein. Somit können Hitze, Kälte, Kribbeln etc. von außen stimuliert werden. Die unbewussten, vegetativen Lebensfunktionen wie Atmung, Kreislauf und Drüsen können angeblich nicht so leicht gestört werden.

Mikrowellendetektoren

Wer sich selbst einen Mikrowellendetektor bauen will, kann die Schaltung in *Abb. 33* verwenden. Eine Schaltung, die wesentlich empfindlicher auf Mikrowelleneinstrahlung reagiert, ist in *Abb. 34* und *Abb. 35* angegeben.

Abb. 36 zeigt eine passive Art, sich vor Mikrowellen zu schützen. Ein mit Fliegengitter ummantelter Vogelkäfig wird über den Kopf gestülpt. Wer nur seine Augen vor Einstrahlung schützen will, kann die Brille in *Abb. 37* tragen.

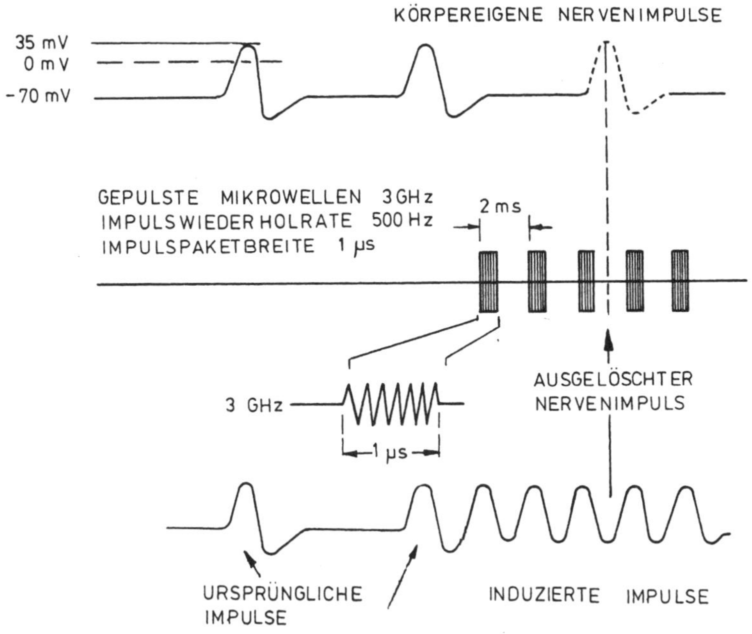

Abb. 32: Auslöschung von Nervenimpulsen durch Mikrowellen

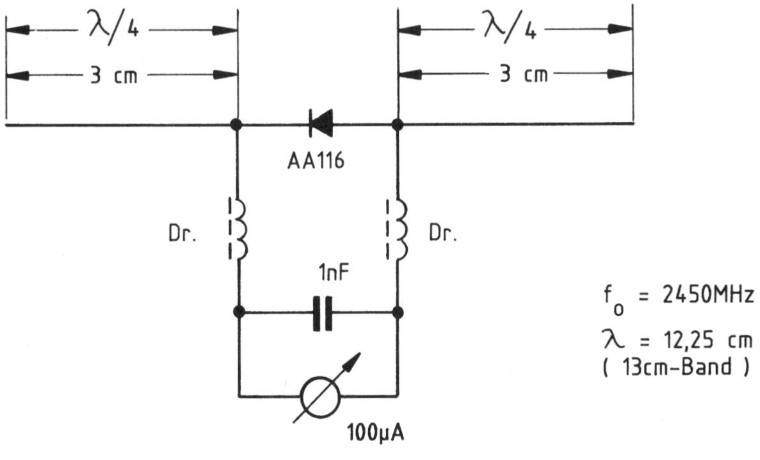

Abb. 33: Selbstgebauter Mikrowellendetektor

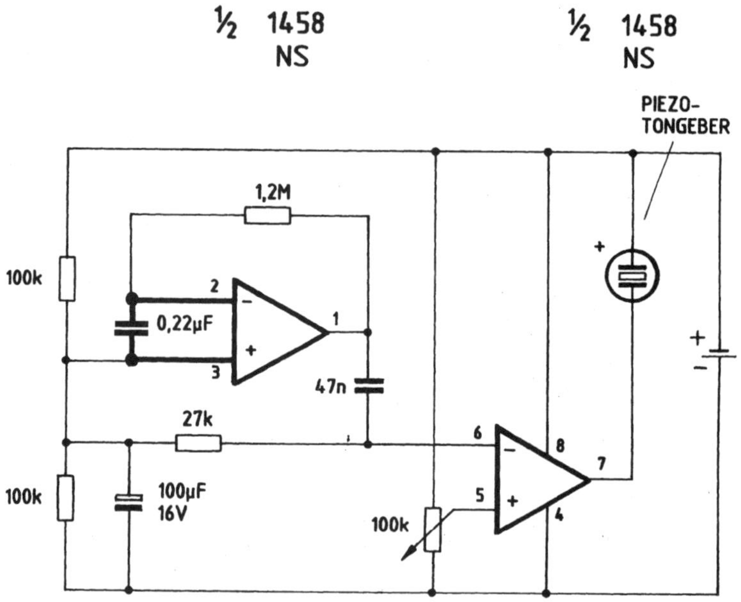

Abb. 34: Empfindlicher Mikrowellendetektor

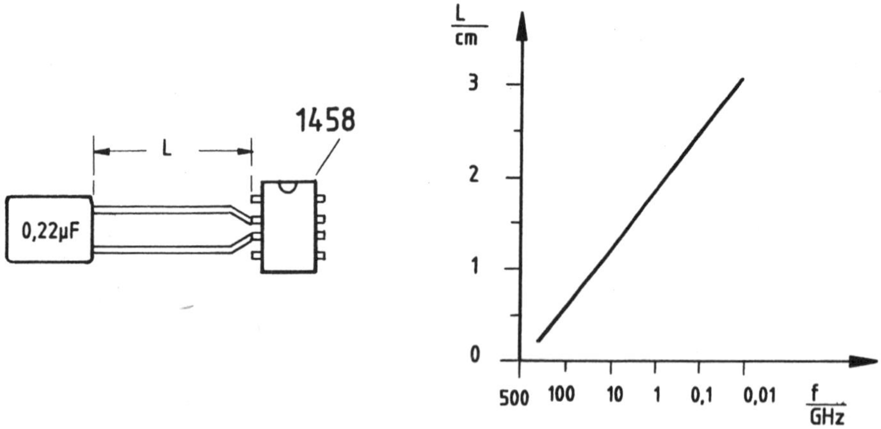

Abb. 35: Längenanpassung auf Mikrowellenfrequenz

Abb. 36: Kopfschutz durch mit Fliegengitter ummantelten Vogelkäfig

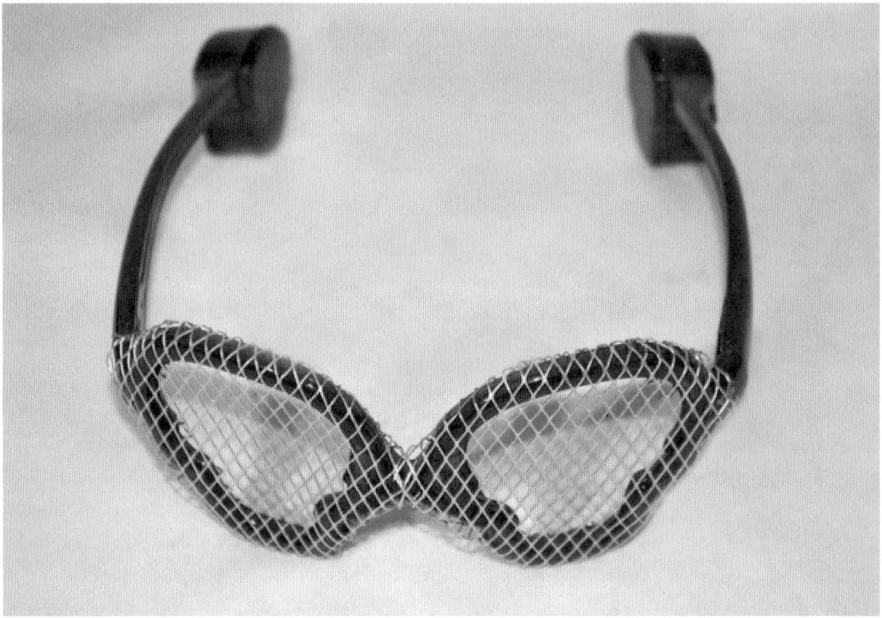

Abb. 37: Brille als Mikrowelleneinstrahlungsschutz

Warnung: Die im Folgenden gezeigten Mikrowellengeneratoren sollten nur von Personen nachgebaut werden, die sich der Gefahr durch hohe Versorgungsspannungen und Mikrowellen bewusst sind.

Der Zusammenbau von Mikrowellengeneratoren

Im Folgenden werden vier Varianten von Mikrowellengeneratoren vorgestellt. Vorab nochmals die wichtigsten Einzelteile. Das Magnetron in *Abb. 38* ist das Herzstück jedes Generators. In dieser Ansicht ist der Auskoppelstift, der als Sendeantenne wirkt, zu sehen. Damit der Stift nicht in alle Richtungen Mikrowellen ausstrahlt, wird eine Blechdose über den Stift gestülpt. Nun kann die Strahlung nur in eine Richtung austreten und zwar in Richtung des offenen Dosenendes. Für diese Aufgabe eignet sich am besten eine Hundefutterdose von Pedigree mit 10 cm Durchmesser. In 3 cm Abstand vom Dosenboden wird ein Loch in den Außenmantel der Dose gebohrt, sodass der Auskoppelstift gerade hindurchpasst. In *Abb. 39* ist die einfachste Version eines Mikrowellengenerators zu sehen. Die zugehörige Schaltung geht aus *Abb. 40* hervor. In *Abb. 39* ist links auf dem Bild der Mikrowellentrafo zu sehen, dann folgt der Hochspannungskondensator mit 0,86 µF. R_V (meist 1 MΩ) dient der Selbstentladung zum Schutz gegen Restladungen.

In *Abb. 41* ist die andere Seite mit dem Lüfter zu sehen, der das Magnetron vor Überhitzung schützen soll. *Abb. 42* zeigt einen Blick auf die Frontseite des Mikrowellengenerators. Der Auskoppelstift für die Mikrowellen ist deutlich erkennbar. Ein normaler Mikrowellenherd arbeitet nur im Halbwellenbetrieb, das heißt, er setzt immer für eine halbe Netzspannungsperiode aus. Für das Wärmen und Kochen ist das vollkommen gleichgültig. Für eine Reihe von Experimenten wünscht man sich jedoch eine gleichmäßigere Leistungsabgabe. Bei Verwendung einer Brückengleichrichterschaltung mit Glättungskondensator wird die Ausgangsleistung beträchtlich erhöht. Für die doppelte Leistungsabgabe werden zwei baugleiche Trafos, vier Hochspannungsdioden und drei Hochspannungskondensatoren benötigt. Die Ausgangsphasenlage der Hochspannungswicklungen muss stimmen, sonst arbeitet die Schaltung im Halbwellenbetrieb. Die Brückengleichrichterschaltung ist in *Abb. 43* zu sehen. Der Aufbau der Brückengleichrichterschaltung geht aus *Abb. 44* hervor.

Die Mikrowellen sind nur eine elektromagnetische Strahlung wie jede andere auch. Sie sind weder ionisierend noch aktivierend. Ein Magnetron ist nach Abschalten der Hochspannung sofort frei von Strahlung und kein radioaktiver Sondermüll, wie viele meinen. Die Gefahr liegt nur in der Erwärmung aller dielektrischen Stoffe, wozu auch der menschliche Körper zählt. Das wird natürlich erst ab einer gewissen Leistung gefährlich. Jeder, der sich ein Handy ans Ohr hält, strahlt sich einige Watt HF in den Kopf. Problematisch wird es erst bei höheren Leistungen, wie sie ein Magnetron liefern kann. Die Mikrowellen können doch einige Zentimeter tief eindringen und innere Verbrennungen hervorrufen. Eine Erwärmung im Köperinneren wird meist nicht sofort wahrgenommen, was sie noch gefährlicher macht. Mikrowellen breiten sich durch die hohe Frequenz ähnlich dem Licht aus, können vom Auge aber nicht wahrgenommen werden. Wenn in eine strahlende Antenne oder in einen Hohlleiter geblickt wird, können Verbrennungen der Netzhaut auftreten. Mit der in *Abb. 45* angegebenen Schaltung kann ein Mikrowellengenerator amplitudenmoduliert werden. Mit einem Logiksignal, das beispielsweise von einem PC stammt, wird ein Halbleiter-Relais angesteuert, welches den Trafo Tr.1 taktet. Der Aufbau des amplitudengesteuerten Mikrowellengenerators ist in *Abb. 46* zu sehen.

10-GHz-Mikrowellengenerator

Die Schaltung in *Abb. 47* stammt aus den USA. Das Magnetron OKH 1862 wird über eine Funkenstrecke gepulst. Das kleine schwarze Rechteck in *Abb. 48* ist der Hohlleiterausgang des Magnetrons.

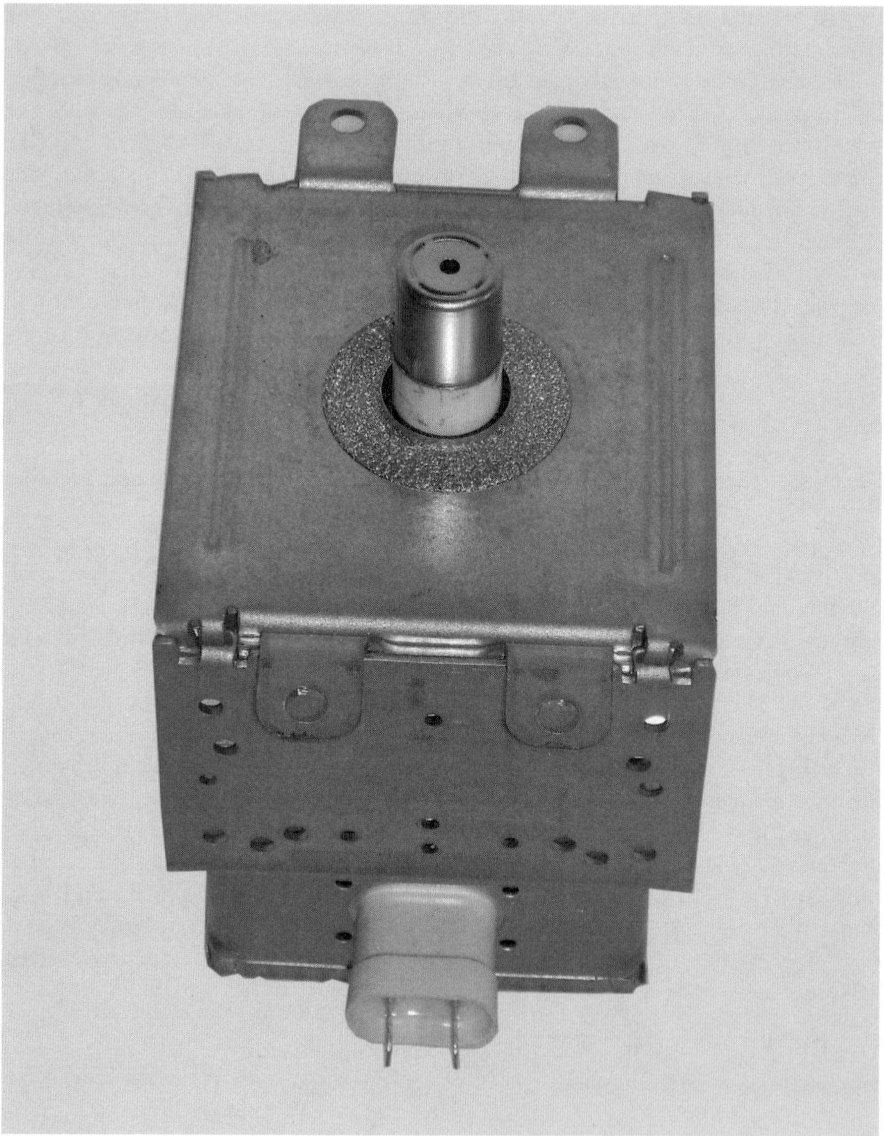

Abb. 38: Das Haushaltsmagnetron als Herzstück jedes Mikrowellengenerators

Abb. 39: Einfachste Version eines Mikrowellengenerators

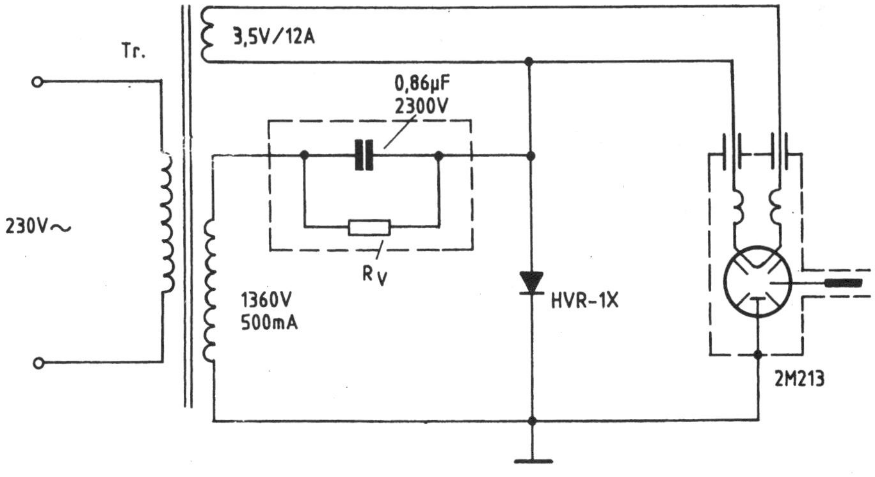

Abb. 40: Schaltung der einfachsten Version eines Mikrowellengenerators

Abb. 41: Andere Seite des Generators mit dem Lüfter

Abb. 42: Blick auf die Frontseite des Mikrowellengenerators

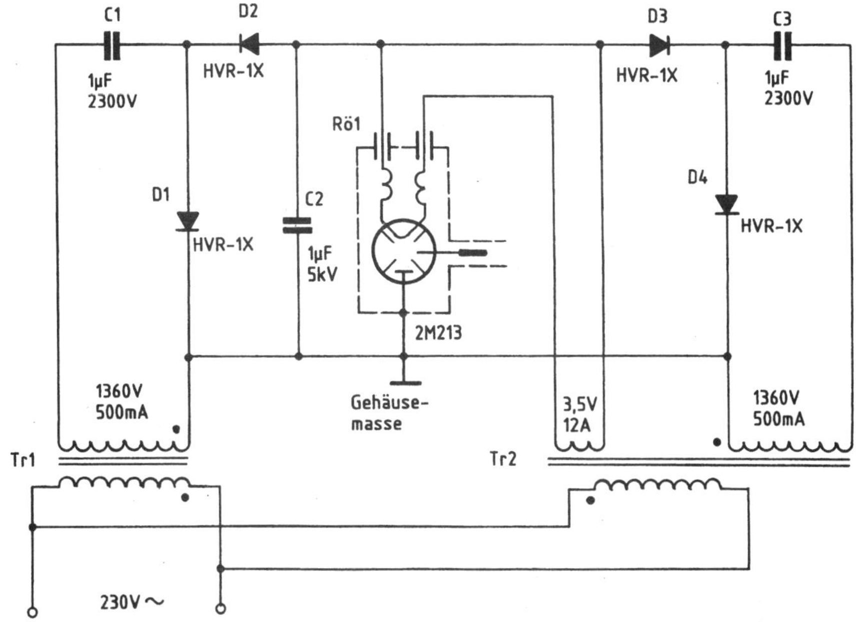

Abb. 43: Die leistungsstärkere Brückengleichrichterschaltung

Abb. 44: Aufbau der Brückengleichrichterschaltung

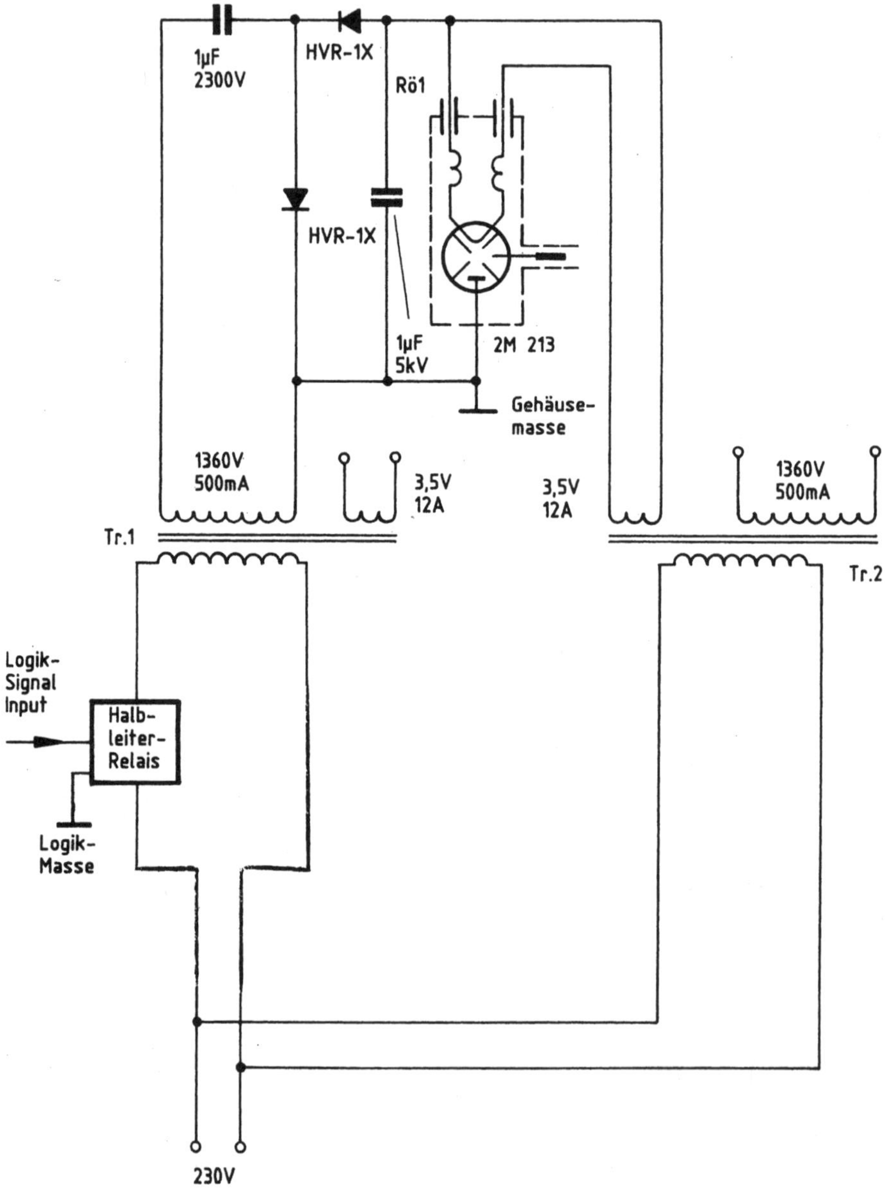

Abb. 45: Schaltung des amplitudengesteuerten Mikrowellengenerators

Abb. 46: Aufbau des amplitudengesteuerten Mikrowellengenerators

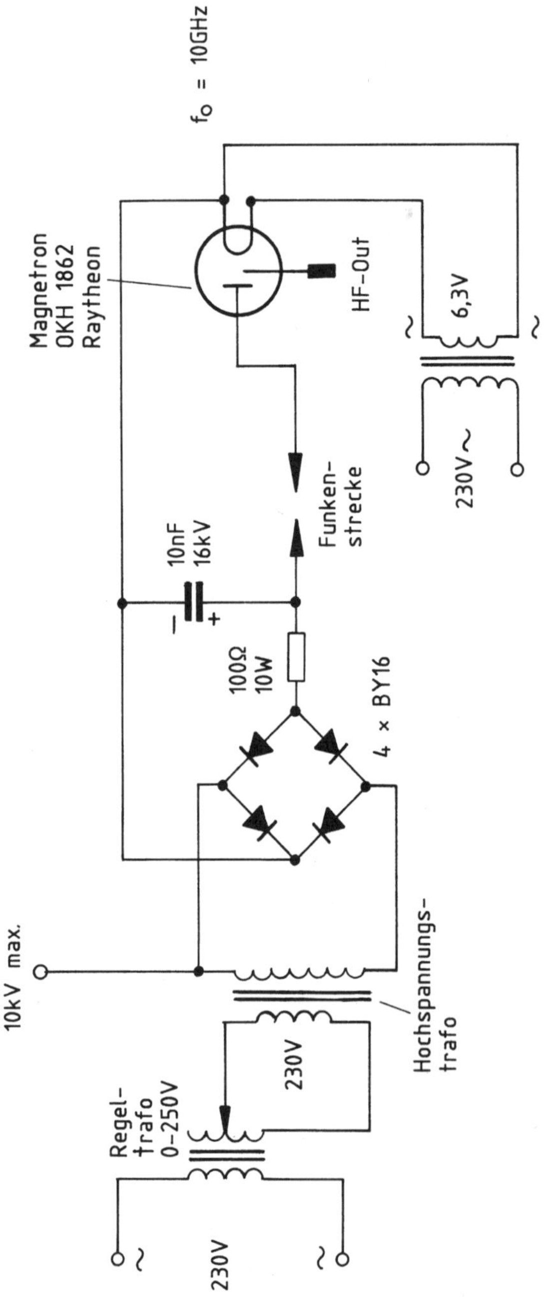

Abb. 47: Schaltung eines 10-GHz-Mikrowellengenerators aus den USA

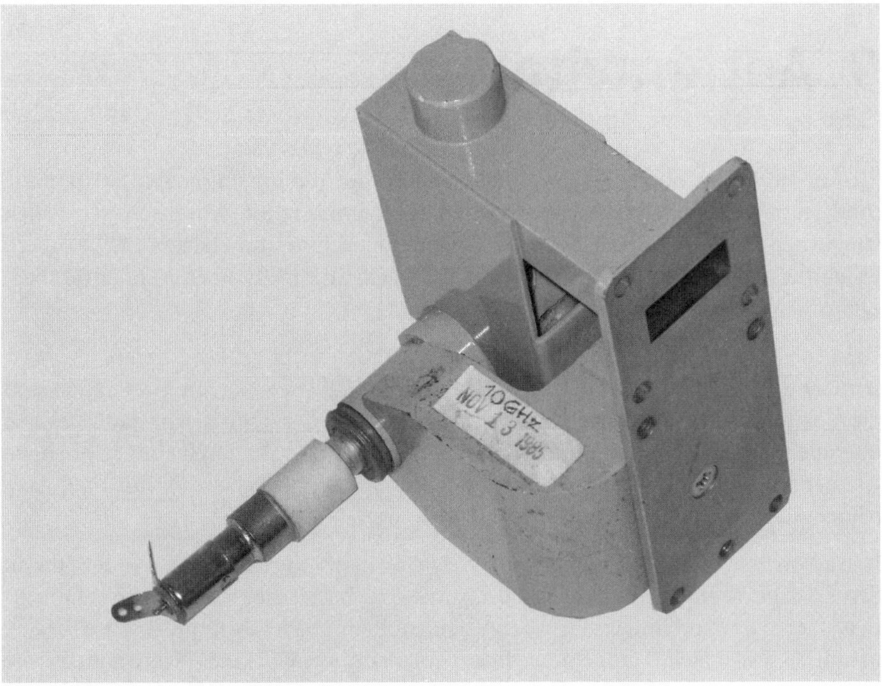

Abb. 48: Das kleine schwarze Rechteck ist der Hohlleiterausgang des Magnetrons

9 Antigravitation

Elektrische Felder durchdringen offenbar nicht nur die inneratomaren Strukturen, sondern sie ändern auch die Eigenschaften des Raumes selbst. Wissenschaftler haben lange über die Beziehungen zwischen Gravitation, Raum und Elektrizität spekuliert. Es wurden jedoch wenige Fortschritte gemacht, einen gemeinsamen Nenner für diese Zusammenhänge zu finden.

Die Problematik konnte aus verschiedenen Gründen nicht geklärt werden. Die Wissenschaftler waren nicht in der Lage, visuell zu modellieren, wie die Gravitation und die elektrischen Felder wirken. Außerdem hatten die Forscher falsche Auffassungen über die Eigenschaften des Raumes selbst. Die Lehrbücher der Physik beschreiben die Gravitation oft als eine Kraft, die durch den leeren Raum wirkt und zwei Körper dazu bringt, sich gegenseitig anzuziehen (Fernwirkung).

Diese Vorstellung ist fälschlicherweise Newtons Ideen zugeschrieben worden, die in den *Principia* (1687) beschrieben sind. Grundsätzlich ist Isaac Newton hoch anzurechnen, dass er das Vorhandensein eines Äthers im Raum nicht ablehnte. Er schrieb: „Ich nehme an dieser Stelle keine Rücksicht auf ein Medium, falls es ein solches gibt, das die Zwischenräume zwischen den Teilen der Körper durchdringt." Weil jedoch die Eigenschaften des Raumes durch Newton oder seine Studenten nicht entschlüsselt wurden, entwickelte sich allmählich die mystische Vorstellung der Fernwirkung. Newton selbst bezeichnete diese Vorstellung als „absurd".

Der Äther – ob er nun aus winzigen subatomaren Partikeln besteht oder als Wellenvorgang betrachtet wird – wurde als notwendig erachtet, um die Ausbreitung der Kräfte zu erklären. Zur Wende zum 20. Jahrhundert, als die Äthertheorie vollständig entwickelt war, konnten die scheinbar paradoxen Eigenschaften des Raumes immer noch nicht erklärt werden. Das Ergebnis war, dass die visuelle Modellierung durch abstrakte Mathematik ersetzt wurde. Wenn auch die Vorstellungen vom Äther während der 30er Jahre des letzten Jahrhunderts verschwanden, lebte das Interesse an den Eigenschaften des Raumes seit den 50er Jahren langsam wieder auf, insbesondere infolge der Arbeit von Paul Dirac. Der Äther ist jedoch durch Begriffe wie Neutrinofluss, Gravitonen (eine Quanteneinheit der Gravitation), weiche Teilchen, virtuelle Teilchen und Nullpunktenergie ersetzt worden.

Die kinetische Gravitationstheorie

Newtons Konzept könnte als eine statische Beschreibung der Gravitation betrachtet werden. Eine dynamische oder kinetische Theorie würde die Gravitation als vom Raum selbst und nicht von den Körpern hervorgebracht erklären. Eine der interessantesten Erklärungen war die von George Louis Le Sage im Jahre 1749. Seine Theorie könnte wie folgt visualisiert werden: Es wird angenommen, dass der Raum mit winzigen Teilchen gefüllt ist (sein Begriff war *ultraweltliche Korpuskeln*), die sich mit hoher Geschwindigkeit in alle Richtungen bewegen. Infolge ihrer subatomaren Größe gehen diese winzigen Partikel im Wesentlichen durch alle materiellen Körper hindurch. Ein einzelner Körper, beispielsweise ein Planet im Weltraum, könnte entsprechend *Abb. 49* dargestellt werden.

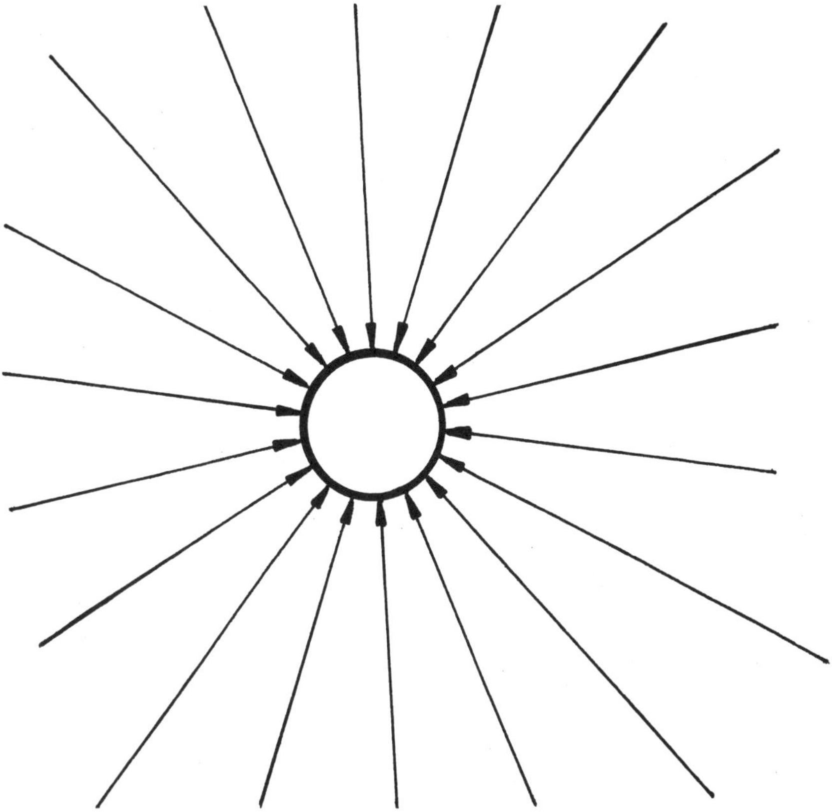

Abb.49: Die Wirkung des kinetischen Raumes auf einen einzelnen Körper

In der vereinfachten Zeichnung (siehe außerdem *Abb. 50*) werden zwei Körper durch die höhere Energiedichte auf den Oberflächen, die nicht einander gegenüberliegen, zusammengeschoben. Jeder Körper wirft einen „Energieschatten" auf seinen Nachbarn, sodass die Ätherdichte zwischen den zwei Körpern ein wenig verringert ist.

Die Visualisierung ist beim Verständnis der Phänomene in der Physik ein wichtiges Werkzeug. Diese geistigen Modelle sind außerdem bei der Führung der experimentellen Prüfungen hilfreich.

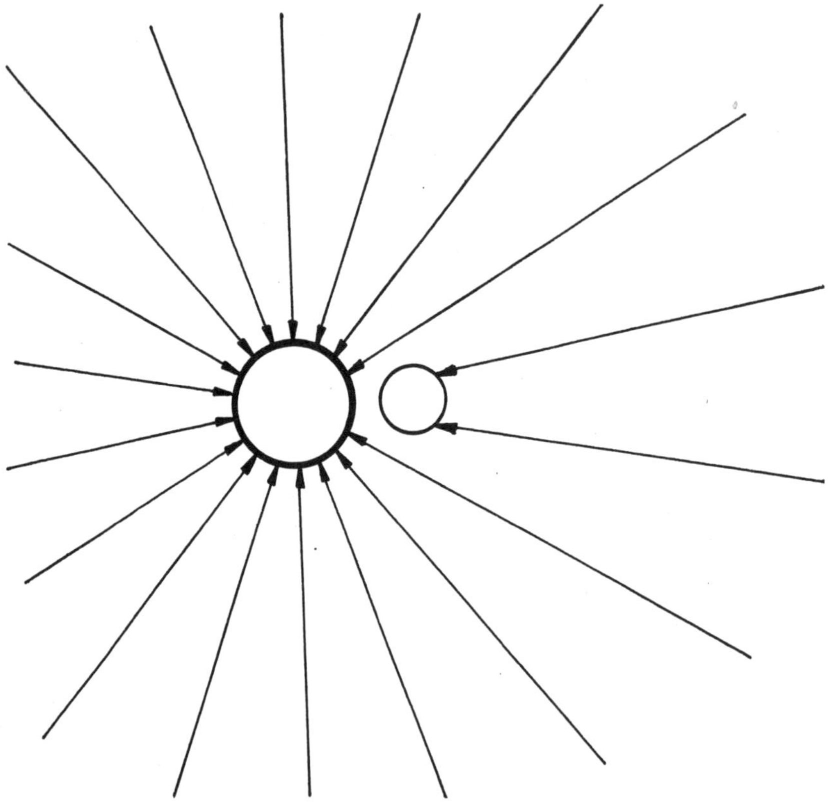

Abb. 50: Ist die Gravitation ein Schubphänomen?

Gibt es irgendwelche natürlichen Phänomene oder Experimente, die Licht auf die Eigenschaften des Raumes werfen könnten? Einige optische Phänomene hängen infolge der Ausbreitung des Lichts von den elektrischen und magnetischen Eigenschaften des Raumes ab. Vielleicht sind die Halos und die Koronas, die manchmal um die Sonne und den Mond zu sehen sind, Indikatoren. Viele anomale Lichtformen sind nicht erklärt worden.

Der amerikanische Industrielle Charles F. Brush veröffentlichte die Ergebnisse seiner Versuche von 1914 bis 1929. Die Ergebnisse zeigten, dass Felsgesteine, die aus komplexen Silikaten von Protooxiden des Nickels und des Kobalts bestehen, während der Kalorimeterversuche einen spontanen Anstieg der Temperatur der Umgebungsluft zeigen (1927). Durch andere Versuche stellte er fest, dass bestimmte Metalle und Verbindungen in einem Gravitationsfeld mit einer langsameren Geschwindigkeit fallen. Spezifisch erzeugten Wismut- und Bariumaluminate die besten Ergebnisse (1924). Brush führte diese seltsamen Ergebnisse auf eine schwache Wechselwirkung zwischen den Atomstrukturen und Gravitationswellen zurück.

Dr. Niphers Ablenkungsexperimente

Ein Experiment, das von Dr. Francis Nipher, Professor für Physik an der Washington University, St. Louis, Missouri, ausgeführt wurde, ist eine Modifikation des Cavendish-Experiments von 1798. In diesem frühen Experiment verwendete Henry Cavendish eine empfindliche Torsionswaage, um die Dichte der Erde zu bestimmen.

Die erste Phase des Experiments von Dr. Nipher, die 1916 und 1917 ausgeführt wurde, ist in *Abb. 51* gezeigt. Der Raum besaß einen Betonfußboden und Granitwände, wobei die Ausrüstung auf einer massiven Bank untergebracht war. Thermometer in der Nähe gaben an, dass die Temperaturen der Vorrichtungsteile um nicht mehr als 1,5 °C voneinander abwichen. Die 2,5 cm große Bleikugel war an einem etwa 180 cm langen unverdrillten Seidenfaden aufgehängt und innerhalb eines quadratischen 12 cm großen Metallgehäuses bzw. Faradayschen Käfigs zentriert. Ein horizontaler Schlitz in einer Seite des Kastens, der mit einer Glasplatte abgedeckt war, erlaubte Dr. Nipher, die Skalenausschläge zu beobachten.

Neben diesem Metallgehäuse war eine isolierte Bleikugel mit einem Durchmesser von 25 cm angeordnet, wobei ein Kupferdraht diese Kugel und das Metallgehäuse auf dem gleichen Potenzial hielt. Um durch Temperaturunterschiede verursachte Fehler zu beseitigen, verwendete Nipher Hitzeschilde aus Pappe.

Abb. 51A zeigt die normale Anziehung zwischen den ungeladenen Massen. In *Abb. 51B* ist ein Hochspannungsgenerator, der sich im nächsten Raum befindet, mit der großen Masse verbunden. Nach etwa 20 Minuten bewegte sich die 2,5-cm-Bleikugel ungeachtet der verwendeten Polarität langsam mit einer Ablenkung, die etwa das Doppelte der normalen Gravitationsanziehung ist, zur entgegengesetzten Seite.

In der letzten Phase dieses Experiments im Jahre 1917 ergab eine Torsionswaage mit zwei großen Kugeln und zwei kleinen Kugeln dieselben Ergebnisse. Als Nächstes wurden die großen Bleikugeln durch geladene Metallkästen ersetzt, die Baumwollwatte enthielten. Dies ergab keine Ablenkung, wodurch die elektrostatische Kraft als die Ursache ausgeschlossen wurde. Schließlich wurde der Hochspannungsgenerator durch einen Generator mit niedriger Wechselspannung ersetzt. Dies erzeugte ebenfalls eine Abstoßungswirkung, aber mit einem kleineren Wert.

Die vollständigen Einzelheiten der Experimente sind in den *Transactions of The Academy of Science of St. Louis,* Bd. 23, 1916 und 1917, angegeben. Siehe außerdem *The Electrical Experimenter,* März 1918.

Obwohl Niphers Experimente auf ein ohrenbetäubendes Schweigen stießen, als sie in den wissenschaftlichen Zeitschriften erschienen, trat niemand mit einer alternativen Erklärung hervor. Außerdem war Nipher bei seinen Kollegen hochgeachtet und wegen seiner akribischen Genauigkeit in seinen Experimenten hochgeschätzt. Die beste Beschreibung dieser Arbeit ist in *Transactions of The Academy of Science of St. Louis* (1916) zu finden.

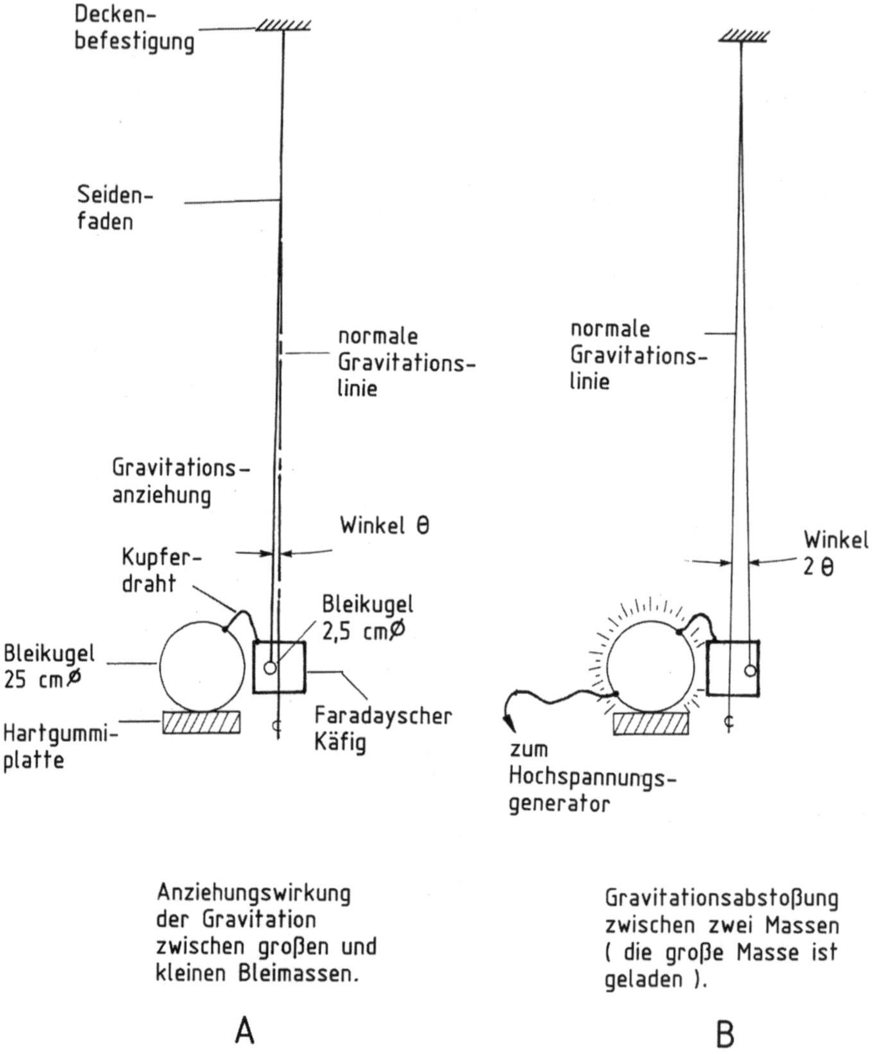

Abb. 51: Dr. Niphers Experiment zur Elektrogravitation

Der Artikel im *Electrical Experimenter* zeigt einen populären Gedankengang:

Die Überwindung der Gravitation

(Von George S. Piggott)

Seit einiger Zeit ist eine ausgesprochen kontroverse Diskussion darüber im Gange, ob eine interplanetare Kommunikation mittels elektrischer Wellen möglich ist. Ich habe mich sehr dafür interessiert, da ich Experimente ausgeführt und Daten gesammelt habe, welche die Gravitationswirkungen auf Hochfrequenzschwingungen und elektronische Entladungen im Allgemeinen betreffen. Eine Folge von Experimenten, die ich während des Jahres 1904 ausführte, veranlasste mich, die Theorie zu formulieren, dass die interplanetare Übertragung elektrischer Impulse wegen des sich widersetzenden und absorbierenden Einflusses der Sonne unmöglich ist, der unseren Planeten von allen anderen elektrischen Schwingungen mit einer kleineren Spannung oder Leistung praktisch isoliert.

Die Aufhebung der Gravitation in Experimenten

Es war mir gelungen, einen Metallgegenstand mittels eines Antigravitationseffekts schwebend im Raum zu halten, der durch die Wirkung eines elektrischen Felds auf diesen Gegenstand erzeugt wurde. Mittels eines speziellen Generators wurde ein starkes elektrisches Feld erzeugt. Wenn der Metallgegenstand in seinen Einflussbereich gebracht wurde, wurde er bis zu einem Punkt in etwa 1 mm Entfernung vom Mittelpunkt des Felds hinaufgezogen, wurde dann zurück zu einem geerdeten Kontakt abgestoßen, gelangte in den Bereich von 10 cm um die Mitte des Felds, als er abermals zur Mitte des Felds angezogen wurde. Diesmal kam er jedoch nicht näher als 5 cm zum Zentrum des Felds. Diese Hin- und Herbewegung setzte sich einige Zeit lang fort, bis der Metallgegenstand schließlich in eine verhältnismäßig stabile Position gelangte, die sich etwa 25 cm von der Mitte des Felds entfernt befand, in der er verblieb, bis der Generator ausgeschaltet wurde. Während sich der Metallgegenstand in der Schwebe befand, konnte ich die Wirkung des umgebenden Felds untersuchen, wobei ich mittels einer leistungsfähigen Optik, unterstützt von einer in das Feld eingeführten Vakuumröhre, feststellte, dass der Metallgegensand (der selbstverständlich eine bestimmte elektrische Kapazität besitzt) vollständig geladen wurde und einen Teil seiner Ladung an und gegen das umgebende Feld abgab, welches offensichtlich danach strebte, den Gegenstand ohne irgendeinen anderen stützenden Einfluss im Raum zu halten, Um die Außenseite des Metallgegenstands gab es einen vollständig dunklen Gürtel oder Raum, der sich bis zu einer Entfernung von etwa 0,5 cm erstreckte. In diesem Gürtel gab es offenbar keine elektrische Erregung, was möglicherweise auf die Neutralisierung zurückzuführen war, die durch den Kontakt der von der Mitte des Felds kommenden großen Energiezufuhr mit den kleinen oszillierenden Ausstrahlungen von dem Metallgegenstand verursacht wurde. Die sich ständig ändernde Wirkung der Anziehung und Abstoßung führte zur Überwindung der Gravitation. Noch weitergehender kann ich sagen, dass der oben erwähnte dunkle Gürtel nach vielen Untersuchungen kein Zeichen einer Aufladung gab, ein erstaunliches Phänomen, da ja seine Breite nur 0,5 cm betrug. In der Tat wurde in der Vakuumröhre eine dunkle Linie gezeigt, wenn sie zwischen den Metallgegenstand und die Mitte des Felds gebracht wurde. Es ist meine feste Überzeugung, dass es irgendwo an den äußeren Grenzen unseres Planeten einen ähnlichen entgegenwirkenden Gürtel gibt, den nichts außer den Gravitationsschwingungen der Sonne durchdringt, wobei diese Schwingungen alle anderen, weniger starken Schwingungen völlig aufheben oder absorbieren. […]

Doch nun zum Detail, wie der Gravitation getrotzt werden kann. Die folgenden Abbildungen geben eine deutliche Vorstellung der verwendeten Vorrichtungen und der Ausführung der Experimente.

Abb. 52 zeigt die Vorgehensweise. In der unteren linken Ecke ist der Erdkontakt gezeigt, der gedreht werden und in irgendeiner erforderlichen Position angeordnet sein kann, wobei er ganz entfernt werden kann, wenn sich der Metallgegenstand in der Schwebe befindet.

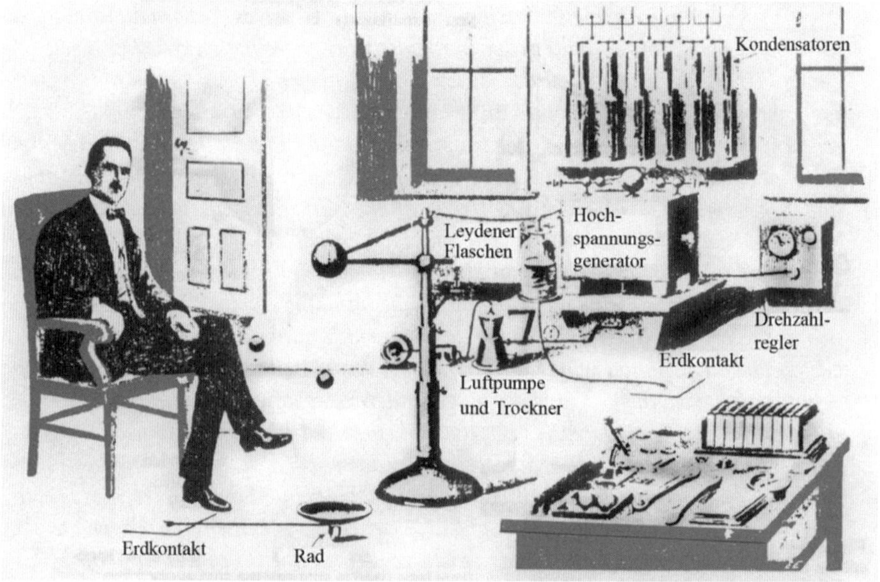

Abb. 52: Das Bild zeigt den Autor, Mr. George S. Piggott, und sein Labor. Hier führte er erfolgreiche Experimente zur Aufhebung der Gravitation durch. Er konnte kleine Kugeln und andere Objekte im Raum schweben lassen.

Ich habe festgestellt, dass jede Substanz innerhalb der Grenzen meiner Experimente in der Schwebe gehalten werden kann, es wurden nämlich mit Wasserkügelchen, Metallgegenständen und Isolatoren Versuche angestellt. Einige Materialien, beispielsweise Kork und Holz, zeigten seltsame Aktivitäten, wenn sie sich in der Schwebe befanden. Ein Stück frisches Ahornholz kam nicht in einer Position innerhalb des Felds zur Ruhe, sondern bewegte sich kontinuierlich zwischen der Mitte des Felds und der Erde hin und her.

Erwärmte Materialien zeigten in gleicher Weise seltsame Eigenschaften: Eine erwärmte Silberkugel mit 11 mm Durchmesser blieb weiter entfernt von der Feldmitte als die gleiche Silberkugel mit normaler Temperatur. Beim Abkühlen wurde sie allmählich hinauf in die Position gezogen, die sie einnehmen würde, wenn sie nicht erwärmt wäre.

Abb. 53 zeigt einen verbesserten Wimshurst-Hochspannungsgenerator. Der Generator war ganz in einem isolierenden Gehäuse eingeschlossen und arbeitete unter einem Druck von 3 Atmosphären. In dieses Gehäuse gelangte durch eine Trockenvorrichtung nur vollständig trockene Luft. Die inneren Teile des Generators behalten während einer langen Zeitdauer eine kräftige Ladung.

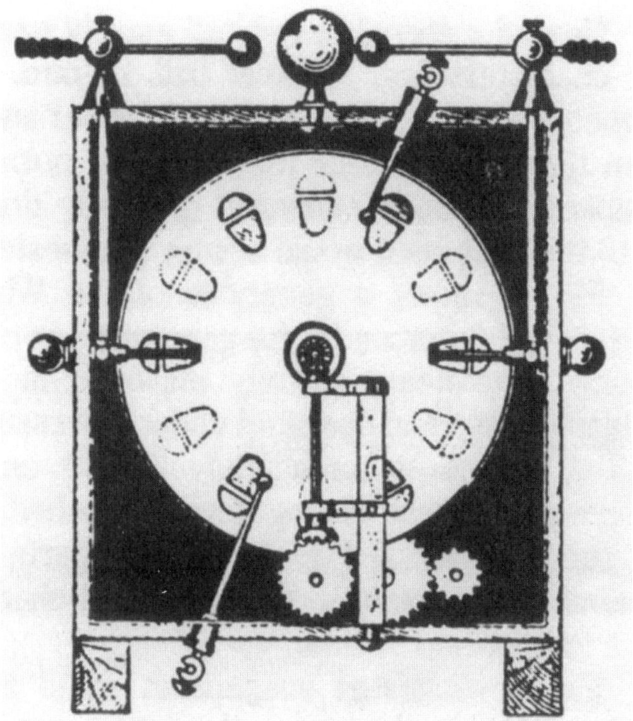

Abb. 53: Der elektrostatische Generator zur Erzeugung von Hochspannung. Der Generator war in einem schweren, luftdichten Gehäuse eingeschlossen, sodass er unter einem Luftdruck von mehreren Atmosphären betrieben werden konnte.

Abb. 54 veranschaulicht die Vorrichtung für die Aufhängung und eine felderzeugende Elektrode. Letztere kann mittels eines am oberen Abschnitt des Gestells gezeigten Federmotors in jeder Richtung gedreht werden.

Die in der hohlen Elektrode sichtbaren kleinen Öffnungen befinden sich dort, um die Wirkung der verringerten Feldspannung an diesen Punkten festzustellen, wobei von ihnen außerdem Gebrauch gemacht wird, um Metallplatten mit verschiedenen Größen zu halten, die auf isolierende Platten geklebt sind und Kondensatoren bilden, deren Funktion darin besteht, an diesen Punkten schwache entgegengesetzte Polaritäten zu erzeugen.

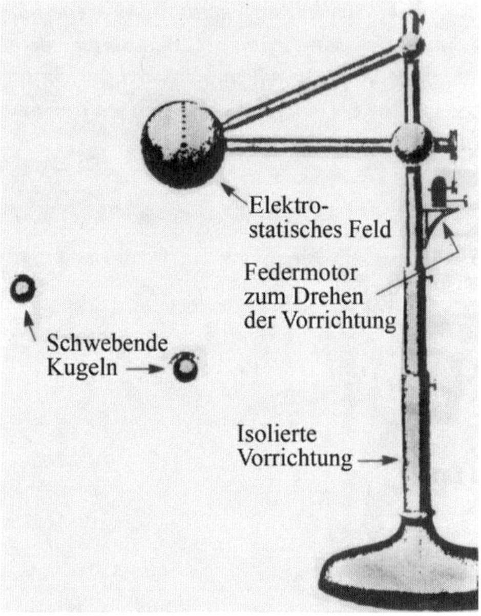

Abb. 54: Die geladene Metallkugel, die gemeinsam mit einem Federmotor an einer isolierten Drehvorrichtung befestigt war. Die Kugelelektrode sowie die zwei schwebenden Kugeln konnten im Raum gedreht werden. Die beiden Silberkugeln schwebten frei im Raum. Die Gravitationsanziehung der Erde ist aufgehoben worden.

Abb. 55 ist eine Vakuumröhre. Sie ist vom Spektraltyp ohne eingeschmolzene Elektroden, wobei sie an ihren Endpunkten sehr hell glüht. Wenn sie in das elektrische Feld eingeführt wird, liefert sie eine scharfe Linie, die den dunklen Raum um den Metallgegenstand begrenzt. In der Röhre wird ein sehr hohes Vakuum aufrechterhalten. Außerdem ist festgestellt worden, dass sie aus einem perfekt isolierenden Glas hergestellt werden muss. Der Kolben muss auf seiner äußeren Oberfläche absolut trocken gehalten werden.

Außer der obigen Röhre sind kugelförmige, kegelförmige, zylindrische und andere Röhren mit verschiedenen Ergebnissen erprobt worden.

Das für die Schwebeexperimente erzeugte elektrische Feld ist sehr stark. Es konnte mit einer Vakuumröhre über eine Entfernung von mehr als 6 m nachgewiesen werden.

Die von Mr. Piggott tatsächlich erreichten Ergebnisse

Der Generator wurde durch einen Elektromotor betrieben, wobei die erforderliche Gesamtleistung etwa 0,25 kW betrug. Wenn der Abstand zwischen den Elektroden größer als die Funkenschlagweite war, betrug die Spannung etwa 500.000 V. Die auf der Tragelektrode verbleibende elektrostatische Ladung hielt einen durchschnittlichen Gegenstand während einer kurzen Zeitdauer von etwa 1,25 s im Raum, nachdem die Drehung der Maschine angehalten wurde.

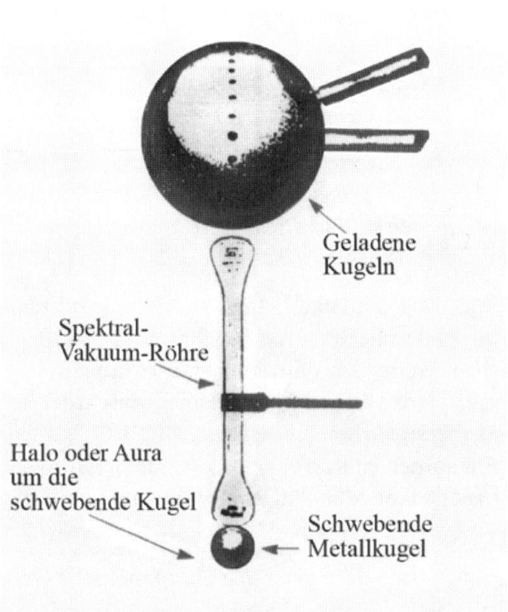

Abb. 55: Hier ist die Spektralvakuumröhre zu sehen, deren Aufgabe die Untersuchung der Aura im Umfeld der Silberkugeln ist.

Einige Gegenstände, beispielsweise Kupfer- und Silberkugeln, die selbstverständlich gute elektrische Leiter und nahezu homogen sind, verlangsamten sich scheinbar bei Annäherung an die Erde, nachdem die Spannung ausgeschaltet worden war, wobei sie ungefähr eine Sekunde lang etwa 2 cm über der Oberfläche schwebten, bevor sie aufschlugen.

Die in Abb. 55 gezeigte Aura in der Nähe der aufgehängten Kugeln, die in diesem Experiment aus Silber bestanden, erstreckte sich über eine Entfernung von etwa 1 cm nach außen und bedeckte etwa die Hälfte der oberen Halbkugel und wenig mehr der unteren Halbkugel.

Die bläuliche Ausstrahlung schien aus sich blitzschnell bewegenden Teilchen zu bestehen, die offensichtlich durch ein sehr schmales Band voneinander getrennt waren, in dem kein Leuchten bemerkbar war. Alles befand sich jedoch in einem Zustand der heftigen Bewegung. Es war völlig unmöglich, eine absolut perfekte Ansicht eines einzelnen Teilchens zu erhalten. Verschiedene Substanzen unterschieden sich hinsichtlich der Länge, der Breite und der Helligkeit der Aura.

Die in diesen Experimenten verwendeten Silberkugeln besaßen eine Masse von 1,3 g, wobei sie die schwersten Objekte waren, die in der Schwebe gehalten wurden. Ihr Durchmesser betrug, wie bereits erwähnt, 11 mm.

Der größte schwebende Gegenstand war ein Korkzylinder mit einer Länge von 10 cm und einem Durchmesser von 4 cm, durch dessen Mitte ein Kupferdraht geschoben war, der sich 3 mm über die Enden des Zylinders erstreckte. Die Masse dieses Zylinders betrug 0,75 g.

Das Verhalten der in den obigen Experimenten verwendeten Metallkugeln war sehr interessant. Die Silber- und Kupferkugeln schwebten sehr stabil in einer Position. Wenn die Tragelektrode gedreht wurde, folgten sie und drehten sich ein wenig um ihre Achse, sie drehten sich jedoch nicht vollständig um dieselbe.

In Piggotts Experimenten traten die seltsam leuchtenden Halos gleichzeitig mit den Effekten des Schwebens auf. Es muss eine Schwelle von etwa 500.000 V überschritten werden, bevor dieser Effekt erzeugt wird. Wenn der Wimshurst-Generator in einer Kammer betrieben wurde, die ein komprimiertes Gas enthielt, beispielsweise trockene Luft oder Kohlendioxid, wurde der Ausgangsstrom beträchtlich vergrößert. Seltsamerweise schwebten die Kugeln. Falls das Phänomen einfach ein elektrostatischer Vorgang wäre, würde ein elektrostatisches Feld zuerst eine Metallkugel anziehen und sie dann wieder abstoßen.

Drei weitere Wissenschaftler widmeten ihr Leben der Forschung über kinetische Gravitation:

Thomas T. Brown, der Niphers Arbeit erweiterte, um die spontane Bewegung von Kondensatoren einzubeziehen (1929),

Thomas Jefferson, der die mathematischen Grundlagen für seine Wellentheorie der Gravitation entwickelte (etwa 1920 bis 1950), und

William J. Hooper, der zwei Feldgeneratoren für künstliche Gravitation unter Verwendung des B × V-Felds erfand (etwa 1968).

10 Experimentelle Erforschung von Fernwirkungen

V. Nachalov, S. Sokolov

Im Folgenden werden die experimentellen Ergebnisse erörtert, die von verschiedenen Forschern gewonnen wurden. Weil die experimentellen Ergebnisse nicht im Rahmen bestehender Theorien erklärt werden können, werden diese Ergebnisse als experimentell beobachtete Phänomene eingestuft. Es zeigt sich, dass alle vorgestellten Ergebnisse Ausdruck der Spin-Torsions-Wechselwirkung sind.

Im Verlauf des 20. Jahrhunderts führten verschiedenartige Untersuchungen, die in mehreren Ländern aus den verschiedensten Interessen heraus geführt wurden, dazu, dass wiederholt über außergewöhnliche Phänomene berichtet wurde, die im Rahmen der vorhandenen Theorien nicht erklärt werden konnten. Weil die Autoren die Physik der beobachteten Phänomene nicht verstehen konnten, waren sie gezwungen, den Feldern, Auswirkungen und Energien, die für die Erzeugung dieser Phänomene verantwortlich sind, ihre eigenen Namen zu geben. In einer leicht erweiterbaren Liste sollten unter anderem aufgenommen werden:

Zeitemanation, O-Emanation oder Orgone, N-Emanation, mitogenetische Emanation, Z-Emanation, chronales Feld und M-Feld, D-Feld, Biofeld, X-Agens, multipolare Energie, radiesthesietische Emanation, Formleistung, leere Wellen und Pseudomagnetismus, Gravitationsfeldenergie sowie Elektrogravitation, fünfte Kraft, Antigravitation und freie Energie.

Es wurden die Spin-Spin-Wechselwirkungen spinpolarisierter Teilchen mit spinpolarisierten Zielkernen und die Fernkorrelationen von Kernspinzuständen entdeckt und untersucht. Diese Wechselwirkungen wurden als „Pseudomagnetismus“ bezeichnet. In einem Fall wurde das „pseudomagnetische Feld“ als Coulomb-Austauschwechselwirkung und in anderen Fällen als Kernwechselwirkung interpretiert. Es wurde die Ansicht vertreten, dass die bekannten Spin-Spin-Wechselwirkungen eine andere Natur besitzen. Folglich fehlte ein klares Verständnis des Mechanismus der Spin-Spin-Wechselwirkungen. Später wurden bedeutende Forschungen an der Spin-Spin-Wechselwirkung von Teilchenansammlungen ausgeführt. Die Spin-Spin-Fernwechselwirkungen wurden bei der Erforschung von Kernspinwellen und der magnetischen Kernresonanz theoretisch und experimentell untersucht.

Es zeigte sich, dass sich zwei zirkular polarisierte Laserstrahlen, abhängig von der gegenseitigen Orientierung ihrer zirkularen Polarisation, anziehen oder abstoßen. Falls die Drehrichtung der Polarisation der zwei Laserstrahlen ähnlich ist, ziehen sich diese

Strahlen an, während sie sich abstoßen, falls die Drehung der Polarisation entgegengesetzt ist. Diese Ergebnisse stehen im Widerspruch zur Quantenelektrodynamik und konnten nicht erklärt werden.

In der Mitte der achtziger Jahre untersuchten Wissenschaftler experimentell den Wechselwirkungsprozess zwischen spinpolarisierten Protonen und einem spinpolarisierten Protonenziel. Es wurde festgestellt, dass der beobachtete Prozess der Spin-Spin-Wechselwirkung nicht im Rahmen des Quark-Modells beschrieben werden konnte. Die erhaltenen Ergebnisse entsprachen nicht der Quantenchromodynamik, auch hier war eine Erklärung nicht möglich.

Während dieser Zeit wurden theoretische Ergebnisse gewonnen, denen zufolge die Spin-Spin-Wechselwirkungen als der Beweis einer unabhängigen fundamentalen Eigenschaft der Materie zu betrachten sind. Diese Untersuchungen zeigten, dass zahlreiche Phänomene, die nur schwer oder gar nicht zu erklären waren, eine strenge theoretische Interpretation im Rahmen der Torsionsfeldtheorie besaßen.

Es ist hilfreich, die Experimente anzugeben, durch die die Effekte demonstriert werden, die normalerweise als die Äußerung der sogenannten „fünften Kraft" interpretiert werden. Der wahrscheinlich erste Wissenschaftler, der am Ende des 19. Jahrhunderts die „fünfte Kraft" entdeckte, war N. P. Myshkin, ein Professor der Russischen physikalisch-chemischen Gesellschaft. Im Jahre 1990 demonstrierten De Sabbat und C. Sivaram, dass die mit der „fünften Kraft" in Verbindung stehenden Phänomene als Ausdruck der Torsion interpretiert werden können.

Es ist außerdem wichtig, die Experimente anzugeben, die die Anomalien im Zusammenhang mit Kreiseln und Kreiselsystemen demonstrieren. Der russische Astrophysiker N. A. Kozyrev war wahrscheinlich der erste Forscher, der feststellte, dass das Verhalten von Kreiselsystemen nicht im Rahmen der Newtonschen Mechanik erklärt werden kann. In den fünfziger Jahren des letzten Jahrhunderts führte N. A. Kozyrev eine umfassende Folge von Experimenten mit Kreiseln aus, bei denen er feststellte, dass die Variationen des Gewichts des Kreisels abhängig von der Winkelgeschwindigkeit und der Drehrichtung sind. Später wurden Kozyrevs Ergebnisse vollständig von A. I. Veinik, einem Mitglied der Weißrussischen Akademie der Wissenschaften, bestätigt, der zwischen 1960 und 1990 eine grundlegende Erforschung der von Kreiselsystemen gezeigten Anomalien ausführte. 1989 veröffentlichten Wissenschaftler die Ergebnisse zur Messung der Fallzeit frei fallender rotierender Kreisel. Die Experimente zeigten, dass sich die Fallzeit in Abhängigkeit von der Winkelgeschwindigkeit und der Drehrichtung veränderte. Das außergewöhnliche Verhalten rotierender Kreisel wurde von vielen Wissenschaftlern beobachtet, wobei dies als Ausdruck der Antigravitation interpretiert wurde. Es zeigte sich, dass die von Kreiselsystemen gezeigte Verletzung der Newtonschen Mechanik durch das Auftreten von Torsionsfeldern verursacht wird, die durch rotierende Massen erzeugt werden.

So führten russische Wissenschaftler astronomische Beobachtungen unter Verwendung eines neuartigen Empfangssystems aus. Wenn das Teleskop auf einen bestimmten Stern ausgerichtet war, registrierte der Detektor innerhalb des Teleskops das ankommende Signal, selbst wenn der Hauptspiegel des Teleskops durch Metallschirme abgeschirmt wurde. Diese Tatsache wies darauf hin, dass die elektromagnetischen Wellen (das Licht) eine Komponente besaßen, die durch die metallische Abschirmung nicht abgeschirmt werden konnte. Wenn das Teleskop nicht auf die sichtbare Position, sondern auf die wahre Position eines Sterns ausgerichtet war, registrierte der Detektor ein viel stärkeres ankommendes Signal. Die Erfassung der wahren Positionen verschiedener Sterne konnte nur als die Erfassung von Strahlung dieser Sterne erklärt werden, die Geschwindigkeiten erreicht, die millionenmal größer als die Lichtgeschwindigkeit sind. Außerdem wurde festgestellt, dass der Detektor ein ankommendes Signal registrierte, wenn das Teleskop auf eine Position ausgerichtet war, die zur sichtbaren Position des Sterns bezüglich seiner wahren Position symmetrisch war. Diese Tatsache wurde als eine Erfassung der zukünftigen Positionen von Sternen interpretiert.

Während der Himmel durch das abgeschirmte Teleskop, in dem sich der Detektor befand, abgetastet wurde, wurden Signale registriert, die von der sichtbaren Position des Sterns abwichen. Die Wissenschaftler konnten diese Ergebnisse nicht interpretieren. Die Ergebnisse wurden als ein Nachweis von Torsionswellen interpretiert. Es ist bekannt, dass Sterne Objekte mit großem Drehimpuls sind. Es ist anzunehmen, dass sich die Torsionsfelder nicht nur in die Zukunft, sondern ebenso in die Vergangenheit ausbreiten können. Es gibt einen fundamentalen theoretischen und experimentellen Grund anzunehmen, dass verschiedene psychophysikalische Phänomene wie zum Beispiel das Vorauswissen mit bestimmten Theorien von Torsionsfeldern im Zusammenhang stehen.

Die Torsionsfeldtheorie ist ein Kind der theoretischen Physik. A. Einstein zeigte in der allgemeinen Relativitätstheorie das Vorhandensein einer engen Verbindung zwischen der Gravitation und der Krümmung der Raumzeit. E. Cartan zeigte dann, dass zwischen einigen physikalischen Werten und einer anderen geometrischen Abstraktion, der Torsion, eine Verbindung bestehen kann. E. Cartan führte die ersten theoretischen Arbeiten an einer Theorie der Gravitation mit Torsion aus, allerdings in einem sehr frühen Stadium. Cartans Gravitationstheorie fand niemals Unterstützung, weil zu diesem Zeitpunkt der Spin noch nicht entdeckt war. Cartan wies als Erster auf die Möglichkeit des Vorhandenseins von Feldern hin, die von der Spin-Drehimpulsdichte erzeugt werden.

Es wurden Versuche unternommen, Einsteins Gravitationstheorie mit Torsion zu ergänzen. Der explosive Anstieg von Veröffentlichungen über Torsion trat jedoch erst auf, nachdem der erste und sensationelle Torsionseffekt berechnet worden war. Es wurden innerhalb kurzer Zeit Hunderte von Arbeiten über die Theorie der Gravitation mit Torsion veröffentlicht. Die bekannteste davon ist die sogenannte Einstein-Cartan-Theorie (ECT).

Im Rahmen der Einstein-Cartan-Theorie ist die Spin-Torsions-Wechselwirkung praktisch eine Kontakt-Spin-Spin-Wechselwirkung, wobei sich in dieser Theorie die Torsion der Raumzeit nicht ausbreitet. In der ECT ist die Konstante der Spin-Torsions-Wechselwirkung proportional zum Produkt aus der Gravitationskonstante G und dem Planckschen Wirkungsquantum h. Folglich ist in der Einstein-Cartan-Theorie die Konstante der Spin-Torsions-Wechselwirkung etwa 27 Größenordnungen kleiner als die Konstante der Gravitationswechselwirkung. Infolgedessen haben viele Autoren wiederholt dargelegt, dass die experimentell beobachteten Phänomene nicht durch die Torsionstheorien erklärt werden können, weil die Torsionswirkungen nicht beobachtet werden können. Es ist allerdings wohlbekannt, dass diese Schlussfolgerung nur für diejenigen Theorien gilt, die das Torsionsfeld als ein statisches Feld betrachten, das sich nicht ausbreiten kann.

Wie bereits erwähnt worden ist, war E. Cartan der Erste, der die physikalischen Eigenschaften von Feldern untersuchte, die durch die Spin-Drehimpulsdichte erzeugt werden. Die bei den experimentellen Untersuchungen von Kreiselsystemen auftretenden Phänomene schienen die natürliche Äußerung der Torsionsfelder zu sein. Die ersten Wissenschaftler erklärten die beobachteten „anomalen" Variationen im Kreiselgewicht als einen Beweis der durch einen rotierenden Kreisel erzeugten Torsionsfelder. Um den Effekt zu erhalten, muss der Kreisel einer nicht stationären Rotation unterworfen werden.

Die Torsionsfelder werden durch den klassischen Spin erzeugt. Die Eigenschaften der Torsionsfelder unterscheiden sich beträchtlich von den Eigenschaften der elektromagnetischen Felder und der Gravitationsfelder. Unähnlich zu den elektromagnetischen Feldern und den Gravitationsfeldern, die eine Zentralsymmetrie aufweisen, besitzen die Torsionsfelder eine Axialsymmetrie. Es gibt sowohl rechte als auch linke Torsionsfelder, abhängig von der Orientierung des klassischen Spins oder der Orientierung der Rotation. Falls die Rotation einschließlich des klassischen Spins stationär ist, das heißt, die Winkelgeschwindigkeit konstant ist, die rotierende Masse gleichmäßig bezüglich der Rotationsachse verteilt ist, Präzession und Nutation fehlen usw., erzeugt dieses Objekt ein statisches Torsionsfeld. Das statische Torsionsfeld ist im Raumbereich innerhalb einer bestimmten Entfernung von der Quelle vorhanden. Wenn die Rotation nicht stationär ist, dann erzeugt dieses Objekt eine sich ausbreitende Torsionsstrahlung bzw. Torsionswellen.

Die Torsionsfelder übertragen Informationen, ohne Energie zu übertragen, wobei sie sich durch physikalische Medien ausbreiten, ohne mit diesen Medien im klassischen Sinn in Wechselwirkung zu treten. Die sich ausbreitenden Torsionsfelder ändern aber den Spin-Zustand der physikalischen Medien. Die Torsionsfelder können folglich durch verschiedene Detektortypen erfasst werden. Die meisten Materialien können keine Torsionsfelder abschirmen. Die Torsionsfelder können jedoch durch Werkstoffe mit bestimmten Spin-Strukturen abgeschirmt werden. Die untere Grenze der Geschwindigkeit des Torsionssignals wird auf 10^9 c geschätzt, wobei c die Lichtgeschwindigkeit ist.

Die räumliche Konfiguration des durch ein rotierendes Teilchen erzeugten Torsionsfelds unterscheidet sich von der räumlichen Struktur eines künstlich in Rotation versetzten Objekts (zum Beispiel eines Kreisels).

Jeder spinpolarisierte Zielkern ist eine Quelle eines Torsionsfelds. Wie bereits erwähnt, wurde diese Tatsache in vielen Experimenten wiederholt beobachtet. Weil sich gleichgerichtete Spins anziehen, während sich entgegengesetzte Spins abstoßen, führt die Wechselwirkung eines spinpolarisierten Teilchens mit einem spinpolarisierten Zielkern zum Auftreten „anomaler" Kräfte, die von der gegenseitigen Spinorientierung des Teilchens und des Ziels abhängen.

Weil alle Substanzen mit Ausnahme amorpher Materialien ihre eigene Stereochemie besitzen, die nicht nur den Ort der Atome in den Molekülen bestimmt, sondern auch deren gegenseitige Spin-Orientierung festlegt, bestimmt die Überlagerung der von den Atom- und Kernspins jedes Moleküls erzeugten Torsionsfelder die Intensität des Torsionsfelds in dem jedes Molekül umgebenden Raum. Die Überlagerung aller Torsionsfelder bestimmt die Intensität und die räumliche Konfiguration des charakteristischen Torsionsfelds dieser Substanz. Folglich besitzt jede Substanz ihr eigenes charakteristisches Torsionsfeld.

Jedes physikalische Objekt in der lebenden oder nicht lebenden Natur besitzt sein eigenes charakteristisches Torsionsfeld. Die Torsionsfelder jedes Gegenstands können durch verschiedene Verfahren erfasst werden. Beispielsweise können die Torsionsfelder durch das Kirlian-Verfahren visuell beobachtet werden. Es sollte außerdem darauf hingewiesen werden, dass die Torsionsfelder verschiedener Gegenstände außerdem durch Medien visuell beobachtet werden können. Dies wird normalerweise als die Beobachtung einer Aura interpretiert.

Die Eigenschaft, die durch die Torsionsfelder beeinflusst werden kann, ist der Spin. Folglich kann die Struktur des Torsionsfelds jedes physikalischen Objekts durch den Einfluss eines externen Torsionsfelds geändert werden. Im Ergebnis eines derartigen Einflusses wird die neue Konfiguration des Torsionsfelds als ein metastabiler Zustand fixiert, wobei er unverändert bleibt, selbst nachdem sich die Quelle des externen Torsionsfelds in einen anderen Raumbereich bewegt hat. Folglich können die Torsionsfelder bestimmter räumlicher Konfigurationen in einem physikalischen Objekt aufgezeichnet werden. Diese Tatsache wurde durch viele Forscher wiederholt beobachtet.

Die Magnetisierung von Ferromagneten führt zum Auftreten eines kollektiven Magnetfelds. Die Ordnung der Orientierung der magnetischen Momente führt jedoch automatisch zur Ordnung der klassischen Spins, die durch die Bewegung der Elektronen in kreisförmigen Molekularströmen erzeugt werden. Auf diese Weise führt die Magnetisierung von Ferromagneten nicht nur zum Auftreten eines kollektiven Magnetfelds, sondern außerdem zum Auftreten eines kollektiven Torsionsfelds. Folglich besitzt jeder Permanentmagnet sein eigenes Torsionsfeld. Diese Tatsache wurde zuerst von A. I. Veinik experimentell entdeckt.

Weil jedes physikalische Objekt sein eigenes Torsionsfeld besitzt, kann das Torsionsfeld des Permanentmagneten jedes physikalische Objekt beeinflussen. Das Verständnis dieser wichtigen Eigenschaft der Magnetfelder erlaubt das Verständnis einer Vielzahl von

Phänomenen, zum Beispiel des als Magnetisierung des Wassers bekannten Phänomens. Dieses besteht in einer Änderung der biologischen Aktivität des Wassers, wenn das Wasser dem Einfluss eines Magneten ausgesetzt wird. Weil destilliertes Wasser diamagnetisch ist, ist vom klassischen Standpunkt der Prozess der Beeinflussung durch ein Magnetfeld sinnlos. Der Effekt der Magnetisierung des Wassers kann jedoch durch verschiedene Verfahren zweifellos erfasst werden. In diesem Fall wird der Effekt nicht durch ein Magnetfeld verursacht, sondern durch ein Torsionsfeld, welches das Torsionsfeld des Wassers beeinflusst.

Die folgende fundamental wichtige Tatsache sollte hervorgehoben werden: Im Rahmen der Theorie der Elektro-Torsions-Wechselwirkungen wird gezeigt, dass, wenn ein elektrostatisches oder elektromagnetisches Feld in irgendeinem Raumbereich vorhanden ist, in diesem Raumbereich dann immer ein Torsionsfeld vorhanden ist. Es gibt keine elektrostatischen oder elektromagnetischen Felder ohne eine Torsionskomponente. Starke Torsionsfelder werden durch hohe elektrische Potenziale und durch Vorrichtungen mit organisierten kreisförmigen oder spiralförmigen elektromagnetischen Prozessen erzeugt. Der wahrscheinlich erste Forscher, der die durch diese Generatortypen erzeugten Torsionsfelder untersuchte, war Nikola Tesla.

Die oben dargestellten Prinzipien ermöglichen die Klassifikation von drei Typen von Torsionsgeneratoren. Der erste Typ verwendet Materialien bzw. Objekte, die eine speziell organisierte Spin-Polarisation besitzen, beispielsweise Permanentmagnete.

Im zweiten Typ des Torsionsgenerators wird die Torsionskomponente des elektromagnetischen oder elektrostatischen Felds verwendet, zum Beispiel in den durch Avramenko geschaffenen Generatoren.

Der dritte Typ des Torsionsgenerators verwendet eine speziell organisierte Rotation einer materiellen Substanz.

Weitere Beispiele mit mechanisch rotierenden Massen sind die Generatoren, die auf der Rotation von Magnetfeldern beruhen. Es gibt viele Phänomene, die als Äußerung weit reichender Felder erklärt werden könnten. Als Ergebnis einer Folge von Experimenten, die am Institut für Materialforschung in Kiew ausgeführt wurden, wurde festgestellt, dass die durch diesen Generatortyp erzeugte Torsionsstrahlung die innere Struktur jeder Substanz ändern kann. Es wurde außerdem festgestellt, dass eine Änderung der Struktur verschiedener Substanzen durch sensitive Menschen bzw. Medien erreicht werden kann, während sie durch die Verwendung anderer bekannter Technologien nicht zustand gebracht werden konnte.

Es gibt einen vierten Typ Torsionsgenerator. Die Torsionsfelder können eine Verzerrung der Geometrie des physikalischen Vakuums erzeugen. Jedes Objekt mit einer bestimmten Oberflächengeometrie erzeugt abhängig von der Geometrie des Objekts gleichzeitig linke und rechte Torsionsfelder einer bestimmten Konfiguration. Diese Tatsache kann durch verschiedene physikalische, chemische und biologische Indikatoren festgestellt werden. Die durch Pyramiden, Kegel, Zylinder, flache Dreiecke usw.

gezeigten außergewöhnlichen Effekte wurden von vielen Forschern in verschiedenen Ländern wiederholt beobachtet. Die verschiedenen Forscher verwenden normalerweise ihre eigenen Namen für die beobachteten Effekte, beispielsweise „radiesthesietische Strahlung", „Zell- und Hohlstruktureffekt", „Formleistung", „Pyramidenleistung" usw. In Russland wurden die durch Objekte mit verschiedener Geometrie hervorgerufenen Effekte untersucht.

Es wurde zum Beispiel festgestellt, dass die leere Honigwabe bestimmter Bienen einen Einfluss auf ein biologisches Objekt haben kann: von Mikroorganismen bis zu Menschen. Die beeinflusste Person fühlt im Wesentlichen eine Krankheit, die Illusion des Fallens, des Fliegens usw. Der beobachtete Einfluss konnte nicht abgeschirmt werden. Im Ergebnis der Experimente wurde festgestellt, dass der Effekt durch die Form der Honigwaben verursacht wird. Das Verständnis dieser Tatsache erlaubte die Entwicklung verschiedener Vorrichtungen mit bestimmten geometrischen Abmessungen, die dieselben Effekte zeigten. Dieser Effekt wurde als Resonanzwechselwirkung zwischen einem Organismus und speziellen Objekten interpretiert.

Es wurde eine experimentelle Untersuchung der von Gegenständen mit verschiedenen Oberflächengeometrien erzeugten Torsionsfelder ausgeführt. Insbesondere wurde der Einfluss der durch Kegel mit verschiedenen Größen und Proportionen erzeugten Torsionsfelder auf verschiedene Prozesse erforscht. Es wurde experimentell festgestellt, dass die Objekte mit geometrischen Größen, die der Regel des Goldenen Schnitts (1 : 0,618) gehorchen, als passive Torsionsgeneratoren betrachtet werden können.

Es ist unter Meditationsexperten wohlbekannt, dass die Form des Gebäudes beim Prozess der Meditation eine wichtige Rolle spielt. Folglich sollten die Turmspitzen und Kuppeln von Kirchen und Synagogen ebenso wie Pyramiden in Ägypten als sogenannte passive Torsionsgeneratoren betrachtet werden. Die Torsionsfelder einer meditierenden Person können signifikant verstärkt werden, falls die Meditation in einem Gebäude mit speziellen geometrischen Proportionen stattfindet. Im Verlauf der letzten dreißig Jahre wurden Torsionsgeneratoren, die auf dem Formeffekt basieren, untersucht.

Ein weiterer Typ des Torsionsgenerators verwendet eine Kombination der zuletzt beschriebenen Prinzipien. Es ist eine Kombination aus elektromagnetischen Hochfrequenzschwingungen und des Formeffekts. Es handelt sich also um eine Art Hochfrequenz-Biokommunikation.

Ein analoger Effekt wurde in den sechziger Jahren des 20. Jahrhunderts von der Gruppe um V. P. Kaznacheev entdeckt. Ihre Forschung stand mit theoretischen und experimentellen Untersuchungen im Zusammenhang, die in den zwanziger Jahren von A. G. Gurvich ausgeführt wurden. Von den Biophysikern wurde die superschwache Strahlung von Zellen entdeckt, die als „mitogenetische Strahlung" bezeichnet wurde. Es wurde entdeckt, dass die mitogenetische Strahlung einer Zellkultur die vitale Aktivität einer weiteren Zellkultur anregen oder unterdrücken konnte. In den sechziger Jahren führte eine Gruppe von Wissenschaftlern eine Folge von Experimenten mit folgender Vorgehensweise aus: Eine infizierte Zellkultur wurde in einem luftdichten Gehäuse eingekapselt. Dann wurden die zwei Gehäuse so aneinander angebracht, dass zwischen den zwei Gehäusen nur ein optischer Kontakt bestehen konnte (zum Beispiel durch eine Glas- oder Quarzplatte). Die luftdichten Verschlüsse beider Gehäuse verblieben unverändert. Es wurde eine Verschlechterung der infizierten Zellkultur beobachtet. Nach einer bestimmten Zeitdauer begann der analoge Prozess im anderen Gehäuse, das heißt, die Zellen der unversehrten Kultur wurden ungeachtet der Abdichtung beider Gehäuse infiziert. In verschiedenen Experimenten wurden viele verschiedene Zelltypen verwendet, einschließlich Zellen des menschlichen Organismus. 1973 wurde dieser Effekt als die Entdeckung der „interzellularen Fernwechselwirkung im System aus zwei Kulturen“ bekannt gegeben.

Für die Interpretation des beobachteten Phänomens wurde von einem elektromagnetischen Konzept ausgegangen (ebenso wie in A. G. Gurvichs mitogenetischer Strahlung). Es handelt sich offenbar um interzellulare Wechselwirkungen, die mittels der Torsionsfelder der Zellen erzeugt werden. Insbesondere wurde diese Schlussfolgerung in den Experimenten bestätigt, die in den späten achtziger Jahren ausgeführt wurden. In diesen Experimenten wurde die Fernwirkung verschiedener chemischer Substanzen auf verschiedene Zellen untersucht. Es wurde festgestellt, dass es möglich ist, Bedingungen zu erzeugen, unter denen der Einfluss festgestellt werden kann, selbst wenn die chemische Substanz durch Metallschirme abgeschirmt wird. Der beobachtete Effekt war offensichtlich nicht elektromagnetischer Natur. Die zweite wichtige Bestätigung des Torsionsursprungs der entdeckten Wechselwirkungen war die Tatsache, dass die Abschirmung durch Aluminium möglich war, was auf andere Materialien nicht zutraf. Die Torsionsfelder können offenbar in einigen Fällen durch Aluminium abgeschirmt werden. Diese Tatsache wurde später durch viele Forscher bestätigt.

Im Verlauf der letzten dreißig Jahre wurden in vielen Ländern verschiedene Vorrichtungen, die als Torsionsgeneratoren betrachtet werden könnten, patentiert. In der Regel wurde keine theoretische Interpretation angegeben. Die Vorrichtungen, die eine Kombination der topologischen Effekte (Torsionsgeneratoren des vierten Typs) und eines intensiven elektrischen Felds (Torsionsgeneratoren des zweiten Typs) verwenden, sind zum Beispiel im französischen Patent Nr. 2421531 beschrieben. Entsprechend diesem Patent sind zwei Paare von Elektroden, die eine Spannung zwischen 60 kV und 300 kV aufweisen, mit einem sechzehnseitigen Prisma verbunden. An einem Abschnitt seiner Seiten sind Kegel angeordnet. Wie die Autoren beanspruchen, verringert dieser Generator die Gravitation, vergrößert die Geschwindigkeit chemischer Reaktionen usw. Weil die Erzeugung statischer Torsionsfelder zu einer transversalen Spin-Polarisation des physikalischen Vakuums führt, die als ein metastabiler Zustand beibehalten werden kann, wurden viele Effekte bis zu vier Tage nach dem Ausschalten des Generators beobachtet. Das analoge Prinzip wird in einem der Generatoren von Veinik verwendet. Die entwickelte Vorrichtung demonstrierte verschiedene physiologische Effekte. Der Einfluss verblieb, selbst wenn der Generator ausgeschaltet und in einen anderen Raumbereich bewegt wurde. Eine Anzahl von Generatoren, die die Kombination aus topologischen Effekten und elektromagnetischen Feldern verwenden, wurde von weiteren Forschern entwickelt.

11 Resonanz überall – Grundlagen und Beispiele

Norbert Harthun

Viele Resonanzerscheinungen in sicht- und unsichtbaren Bereichen des Lebens werden beispielhaft aufgezählt und einige Grundlagen erläutert. Es wird hervorgehoben, dass dieser Effekt tatsächlich ein universelles Prinzip darstellt und in allen Größenordnungen vorkommt. Zum Schluss werden Schwingungsvorstellungen im Zusammenhang mit dem Menschen auch auf nur subjektiv erfassbare, subtile Bereiche angewendet.

Inhalt

11.1 Grundlagen, Alltags-Beispiele und Laborversuche

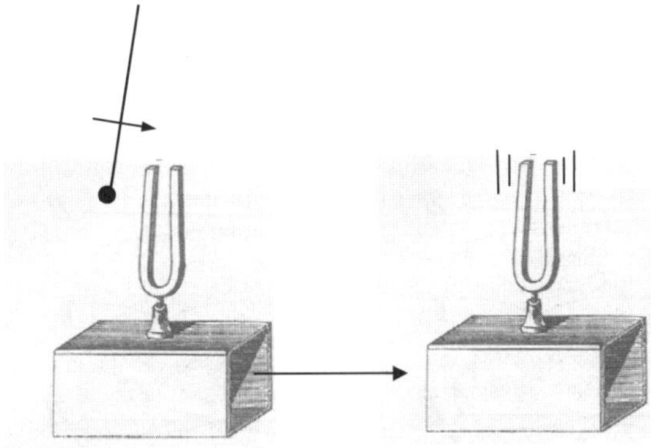

Abb 1: Klassische Vorführung des Resonanzeffekts

Resonanz – die „graue Eminenz" der Welt.

Man kann sie tatsächlich so nennen; denn praktisch überall ist sie im Hintergrund beteiligt, meistens sogar maßgebend [1]. Trotzdem sucht man in den Kapitel-Überschriften der Fachbücher oft vergeblich nach ihr. Wenn es gut geht, findet man sie im Sachwortverzeichnis. Im „Duden" kann sie natürlich nicht fehlen: Dort wird Resonanz umschrieben durch: Widerhall, Mittönen, Mitschwingen; bildlich für Anklang, Verständnis. Schon aus diesen sehr allgemeinen Formulierungen geht hervor, dass es sich eigentlich um eine sehr praktische „Worthülse" handelt, in die man vieles hineinpacken kann. Das aus dem Lateinischen stammende Wort (resonare = zurücktönen) wurde ursprünglich als Bezeichnung für einen Vorgang bei zwei gekoppelten Stimmgabeln benutzt (*Abb.1*).

Schwingung ist ein zeitlich periodischer Vorgang.

Es gibt einen Sender, die angeschlagene Stimmgabel, eine Übertragungsstrecke, die Luft, und einen Empfänger, die zweite Stimmgabel. Diese Kopplung kann auch als Kommunikation bezeichnet werden. Selbstverständlich ist auch die zweite Stimmgabel ihrerseits ein Sender und wirkt zurück – wenn auch schwach und nicht ohne Weiteres bemerkbar. Die Bedingung für ‚Kommunikation': Informationsübertragung in beide Richtungen ist also erfüllt, wobei hier die Schwingungsfrequenz der Information entspricht.

Schwingungsfrequenz entspricht hier der Information.

11.2 Schwingungen überall und aller Art

Die Stimmgabel-Anordnung kennen etliche vielleicht noch aus der Schulzeit, doch sind noch viele andere Resonanzerscheinungen im Alltag zu finden, auch wenn sie nicht gleich offensichtlich zutage treten. Mit Beispielen für Resonanz könnte man ganze Bücher füllen, hier wurden etliche typische ausgewählt, die es erlauben, die physikalischen Grundlagen anschaulich zu machen und andererseits Erscheinungen zeigen, an die man nicht sofort denkt oder die wenig bekannt sein dürften.

Ohne Resonanz-Abstimmung ist Hörrundfunk und Fernsehen, also auch diese Art von Kommunikation, unvorstellbar. Und wer denkt schon an Resonanz, wenn er seinen Empfänger auf den gewünschten Sender bzw. dessen Schwingungsfrequenz einstellt? Resonanz kann auch störend sein: So z. B. am Auto das klappernde Blech oder der vibrierende Kugelschreiber im Handschuhfach. Schlimmer, weil gefährlich, ist der nicht richtig ausgewuchtete Vorderreifen, der bei bestimmten Geschwindigkeiten unangenehme Vibrationen in der Lenkung spüren lässt.

Resonanz: Ein schwingfähiges System wird auf seiner Eigenfrequenz angeregt.

Um unspürbare Resonanzen handelt es sich bei den Sicherungsetiketten an den Artikeln großer Kaufhäuser. An den Ausgängen der Gebäude installierte Sender strahlen ein Signal aus, welches vom Schwingkreis an den Sicherungsetiketten teilweise absorbiert wird, wodurch ersterer auf den Sender zurückwirkt. Dies registriert eine Elektronik im Sender und schlägt Alarm.

Übrigens, was machen Kinder in einem Tunnel oder ähnlichem Gewölbe? Sie beginnen ein lautes „Gejohle“ und erfreuen sich an dem verstärkten Lärm. Ein Rest bleibt sogar bei Erwachsenen übrig: Bekanntlich singen viele Männer im gekachelten Badezimmer bei dem schönen Hall aus voller Kehle. Das hart gekachelte Bad hat mindestens eine bevorzugte Frequenz, bei der die ganze Luft mitschwingt.

Resonanz: Maximale „Dynamik“ (Amplitude) beim Empfangssystem

Der Ton wird dann verstärkt. Diese „Resonanzüberhöhung“ kann man sehr schön an einem elektrischen Schwingkreis zeigen, wo die Amplitude bei dessen Eigenfrequenz stark ansteigen kann (*Abb. 2*).

Ein lustiges Beispiel aus neuester Forschung: Ein kleiner tropischer Baumfrosch (Metaphrynella sundana) auf Borneo sucht sich eine wassergefüllte Baumhöhle aus und stimmt seine Tonlage genau auf die Resonanzfrequenz des Hohlraumes ab, wenn er Weibchen anlocken will (*Abb. 3*) [2]. Dann klingt sein Rufen durch diesen Tonverstärker so gewaltig, dass ihm „die Frauenherzen nur noch so zufliegen“. Das Resonanzsystem Hohlraum wirkt als Verstärker für die schwachen Rufe des Frosches – woher weiß er das ?

Resonanz kann durch Form bedingt sein.

Es gibt auch Fälle, wo die äußere Kontur zur Resonanz Anlass gibt. Auch dafür konnte eine schöne Veranschaulichung gefunden werden: *Abb. 4*. Ein Stock von 1 m Länge auf der Wasseroberfläche wird von Wellen mit kleinerer Länge kaum ins Schaukeln gebracht. Haben sie aber eine Wellenlänge, die in die Größenordnung der Stocklänge kommt, dann wird der Stock die Wellenbewegung vollständig mitmachen, er ist in Resonanz mit der erregenden Welle [3].

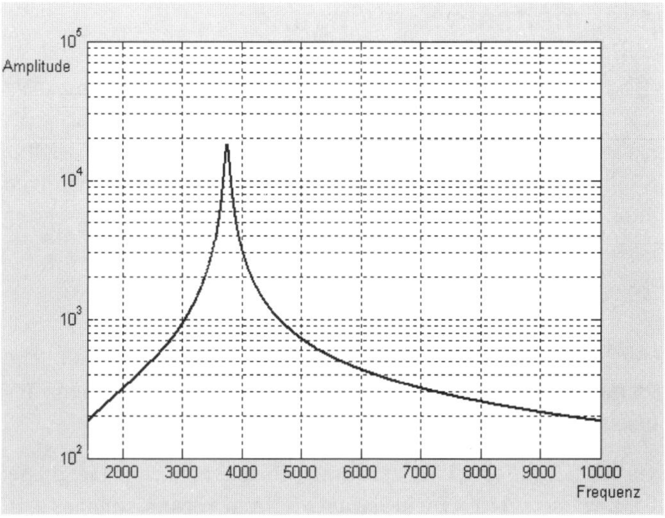

Abb. 2: Anstieg der Amplitude eines Schwingsystems bei Anregung mit der Eigenfrequenz

Abb. 3: Der tropische Baumfrosch während des Rufens in seiner mitschwingenden Baumhöhle

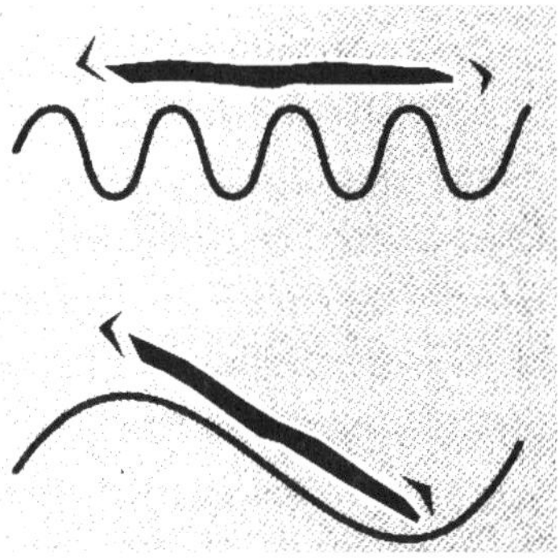

Abb. 4: Schwimmender Stock außer Resonanz mit Wellen (oben) und in Resonanz (unten)

11.3 Rhythmus ist mehr als Schwingung

Um eine Amplituden-Überhöhung optisch zu erleben, ist auch ein Kinderspielplatz geeignet: Die Mutter, die die Schaukel mit ihrem Kind periodisch anstößt, lässt die Schaukel zur Freude des Kindes immer höher schwingen, wenn sie den richtigen Rhythmus findet. „Rhythmus", dieser Begriff fehlte bisher, er sollte nicht mit Schwingungen verwechselt werden. Unter Schwingungen versteht man üblicherweise eine Bewegung oder Änderung in der bekannten sanften Wellenform (Sinus).

Mit „Rhythmus" ist ganz allgemein gemeint, etwas regelmäßig zu wiederholen. Im Falle der Schaukel können das Impulse (Anstöße) in passendem Zeit-Abstand sein – die Mutter läuft doch nicht mit den Schwingungen der Schaukel hin und her. Es reicht, wie sich hier zeigt, ein schwingfähiges System periodisch in seiner Eigenfrequenz anzustoßen, das System macht alles Weitere dann ganz von selbst.

Rhythmus allgemein: zeitlich periodische Wiederholung beliebiger gleicher Ereignisse. Der Spezialfall „Schwingung" setzt ein schwingfähiges System voraus, welches z. B. in passendem Rhythmus (Eigenfrequenz) angestoßen wird.

Als interessantes Beispiel zu „Rhythmus" und seiner Wirkung sei das Verfahren der Firma Weleda zur Haltbarmachung flüssiger Medikamente ohne jeden Zusatz von Konservierungsmitteln skizziert: „Wochen hindurch wird der Frischpflanzensaft morgens und abends eine bestimmte Zeit rhythmisch bewegt, und zwar bei einer ansteigenden bzw. abfallenden Temperatur, so dass der bewegte Saft am Tage bei einer Temperatur von 37° C, nachts bei 4° C ruht. Am Ende des Verfahrens sind die rhythmisierten Säfte (in geschlossenen Gefäßen) haltbar". (Diese Medikamente tragen den Zusatz „Rh" auf dem Etikett) [4].

11.4 Die Welle: Etwas schwingt und etwas anderes breitet sich aus

Für die folgenden Beispiele muss kurz auf den Unterschied von Schwingungen und Wellen eingegangen werden. Bei Rhythmen und ihrem Spezialfall Schwingungen handelt es sich um zeitlich-periodische Vorgänge, während es sich bei Wellen zusätzlich um räumliche Ausbreitungsvorgänge handelt. Es sind zwar verwandte, aber doch unterschiedliche Erscheinungen. Um beim Beispiel Schaukel zu bleiben: Die Schaukel schwingt, sie bleibt am Montage-Ort, es kann also nicht die Rede von Wellen sein. Wasserwellen kennt jeder: Formen der Wasseroberfläche, die sich ausbreiten. Es ist normalerweise nicht das Wasser, welches sich ausbreitet; im Sonderfall „Tsunami" wird beim Auflaufen auf Land allerdings unglücklicherweise auch Wasser transportiert.

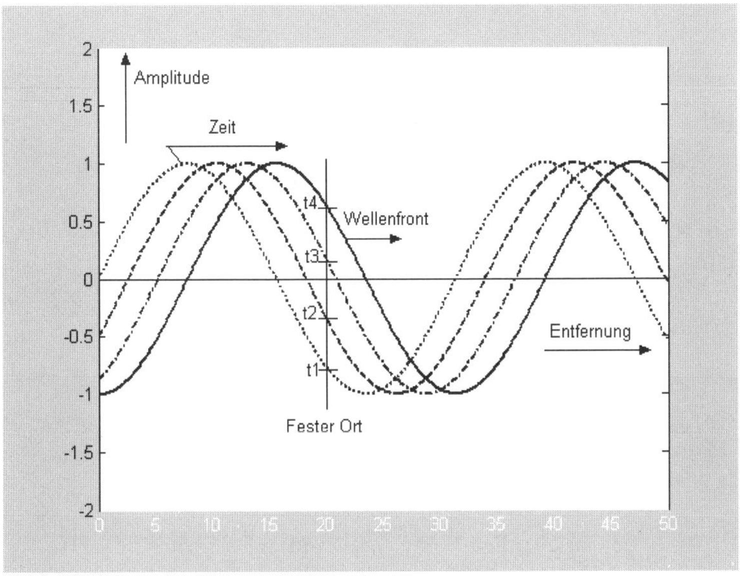

Abb. 5: An einem festen Ort vorbei laufende Welle

Wellen sind zeitlich UND räumlich periodische Vorgänge; sie sind wandernde Formen.

Beobachtet man an einem Kanal die von einem Schiff erzeugten Wellen und konzentriert sich nur auf eine bestimmten Stelle am Ufer, so sieht man, wie das Wasser dort auf und nieder schwingt (Abb. 5). Man sieht also an einem festen Ort nur eine zeitliche Schwingung des Wasserspiegels, obwohl am ganzen Ufer die zugehörigen Wellen entlang laufen. Das heißt, wenn man den Blickwinkel wieder erweitert, sieht man zusätzlich den räumlich vorhandenen Schwingungsvorgang.

11.5 Stehende Wellen im Raum

Stehende Wellen schaffen Strukturen.

Bei rhythmischer Anregung räumlich ausgedehnter Objekte sind immer Schwingungen und Wellen, die durch das Objekt laufen, untrennbar miteinander verbunden. Diese Wellen können z. B. an Begrenzungsflächen reflektiert werden und zurücklaufen. Bei passendem Verhältnis von Wellenlänge und Laufstrecke bilden sich aus hin- und rücklaufender Welle „stehende Wellen" (Interferenz) (*Abb. 6*). Dann gibt es regelmäßig angeordnete Stellen im Objekt, wo keinerlei Schwingung stattfindet (Knoten) und ebenfalls regelmäßig verteilte Stellen, wo maximale Dynamik herrscht (Schwingungsbäuche).

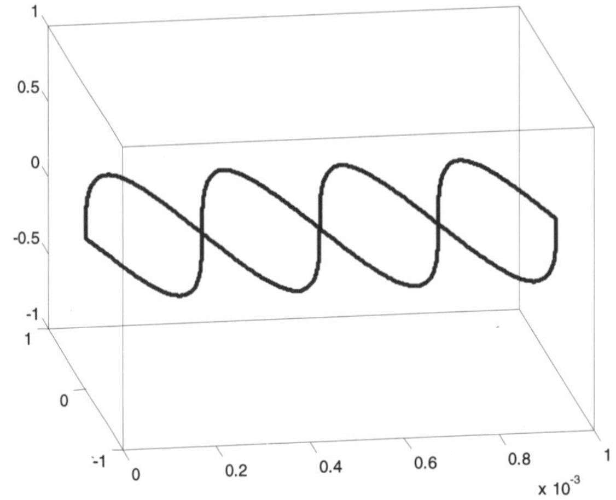

Abb. 6: Stehende Welle mit ortsfesten Knoten und Bäuchen

Chladni war der erste, der anschaulich zeigte, wie Sand auf schwingenden Platten durch stehende Wellen zu Mustern strukturiert wurde (*Abb. 7*) [5].

„Chladnis Klangfiguren kennen wir...Jetzt hat Van der Naillen ein seinem ‚Balthazar The Magus' einen Apparat gezeigt, mit dem man Ton-Blüten machen kann (*Abb. 8A*). Das ist ganz einfach ein becherähnliches Gefäß, über das eine Kautschukmembran gespannt ist; durch das Rohr A wird der Laut eingeleitet, während die Membran abwechselnd mit leichtem Pulver (Farnkrautsamen), mit schwerem Pulver (Sand) oder einer gefärbten, klebrigen Flüssigkeit (Paste in Wasser) bestreut wird. Wer in Mathematik, Musik und Harmonielehre bewandert ist, mag genau dieses Bild mit Tönen in zwei Oktaven beobachten und auf Intervalle und Oktavfolgen Acht geben" (*Abb. 8*) [6].

Später wird über Schwingungsuntersuchungen aus dem Physikalischen Forschungslaboratorium (der Anthroposophen) am Goetheanum, Dornach/Basel berichtet, die mit einem Gerät des gleichen Prinzips, allerdings modernisiert und komfortabler, durchgeführt wurden. Die Erregung der Membran erfolgte elektromagnetisch mit Hilfe eines Tongenerators [7].

Um 1960 [8] baute der Anthropsoph Jenny sein „Tonoskop" und machte spektakuläre Versuche mit Schwingungen (*Abb. 9*) [9], und in neuerer Zeit griff Lauterwasser diese Thematik wieder auf und kreierte mit Hilfe moderner Elektronik viele beeindruckende Bilder und Anwendungen.

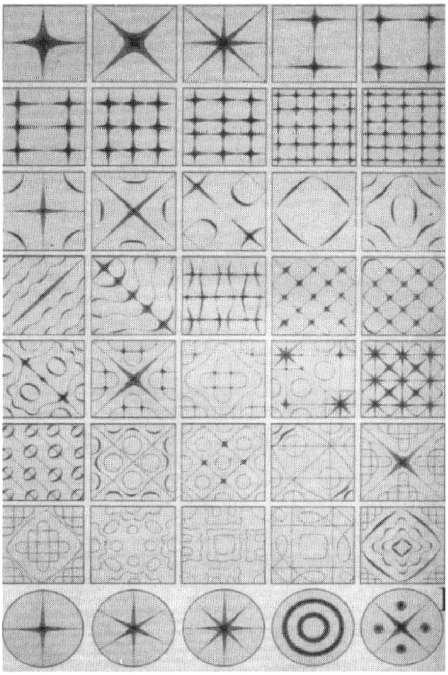

Abb. 7: Klangfiguren von Chladni (18. Jahrh.)

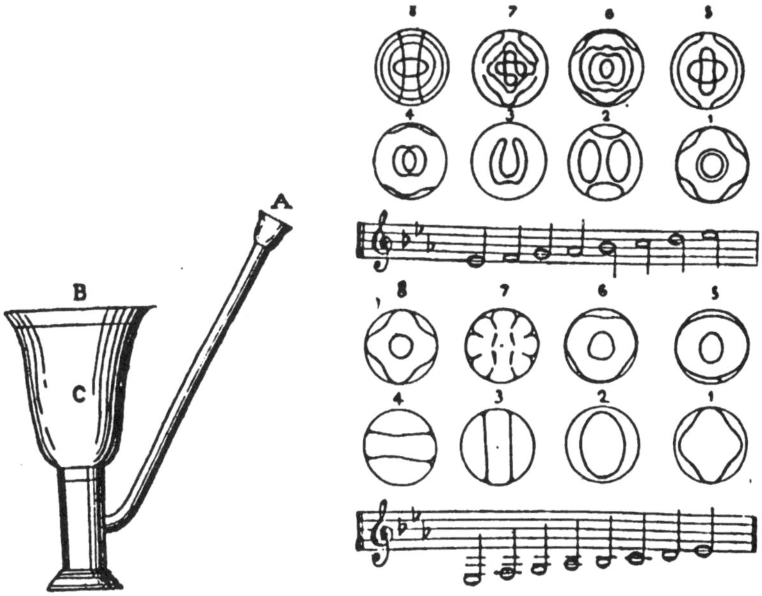

Abb. 8: Gerät zur Erzeugung von Resonanzfiguren auf einer Gummi-Membran

Abb. 9: Schwingende Seifenblase (Jenny).

Vor fast 150 Jahren veröffentlichte A. Kundt in den Annalen der Physik (1866) sein Experiment zur Bestimmung der Schallgeschwindigkeit, in dem stehende Schallwellen in einem Glasrohr durch regelmäßige Anhäufungen des darin enthaltenen Korkmehls „sichtbar“ wurden (*Abb. 10* links) [10]. Durch die Schallwellen entstehen Wirbelströmungen, die den Staub entsprechend transportieren (*Abb. 10* rechts) [11]. (Nebenbei gesagt, sind noch kleine, zusätzlich entstehende Staubrippen interessant, deren Abstand nur ein Bruchteil der halben Wellenlänge der Schallwelle ist. Ihre Ursache ist nicht eindeutig geklärt; man nimmt Selbstordnungsprozesse an [10]).

Wirbel durch stehende Wellen (Resonanz) in Fluid-erfüllten Räumen

Die Orgelpfeife ist als Musik-Instrument ein weiteres schönes Beispiel für stehende Wellen in Luft. *Abb 11* zeigt schematisch drei Versionen der Darstellung für die in der Pfeife stehenden longitudinalen Wellen der Luft [12].

Ein Blick weit hinaus ins All zeigt auch dort Resonanzen. Einige Beispiele dafür liefern die Erkenntnisse der Astronomie, dass die Stabilität der Ringe von Jupiter, Saturn, Uranus und Neptun auf „Bahnresonanzen (beruht), die das Material jeweils in festen Abständen von den Planeten halten“ [13]. Hinzu kommt, dass der äußerste Ring des Neptun (Adams) ‚Knoten‘ hat (*Abb. 12*). Diese Verdickungen dürfte es nach den herkömmlichen Modellen nicht geben. Sie wären längst entlang ihrer Bahn ‚verschmiert‘ worden. Deshalb haben die Astronomen versucht, auch die Knoten als Folge von Bahnresonanzen zu erklären. Als Auslöser kommt nur der kleine Neptunmond Galatea in Frage. Der Resonanzeffekt beruht darauf, dass die Bahn von Galatea nicht genau kreisförmig ist, sondern geringfügig davon abweicht“ [13].

Uns näher steht der Leben spendende Stern Sonne (*Abb. 13*). Auf diesem „Gasball“ existieren nach den Theorien der Astrophysiker stehende Wellen [5].

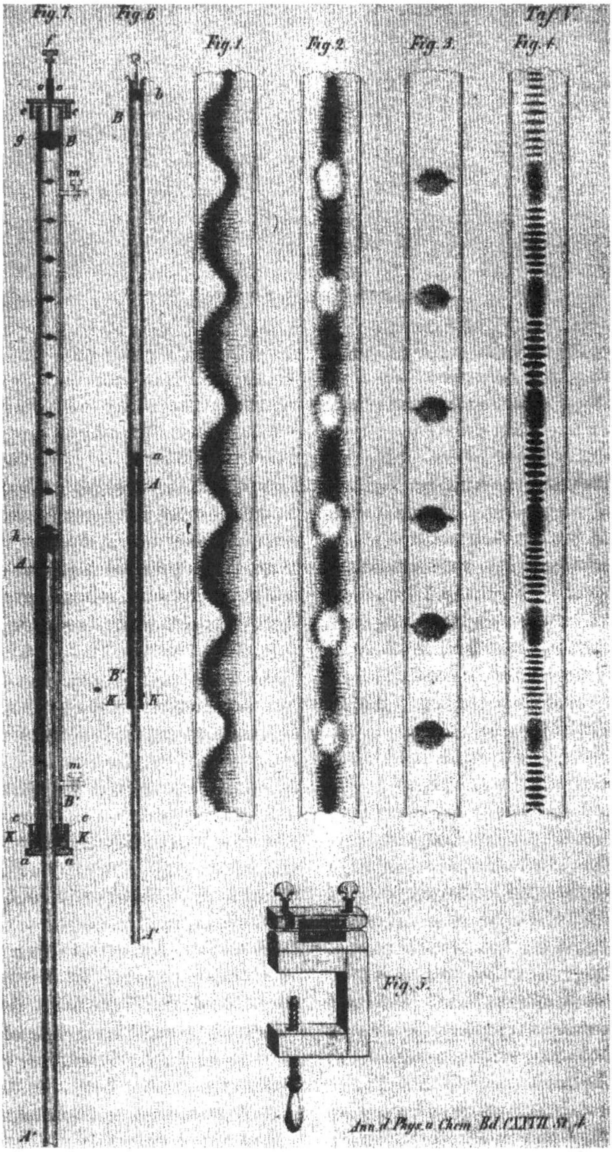

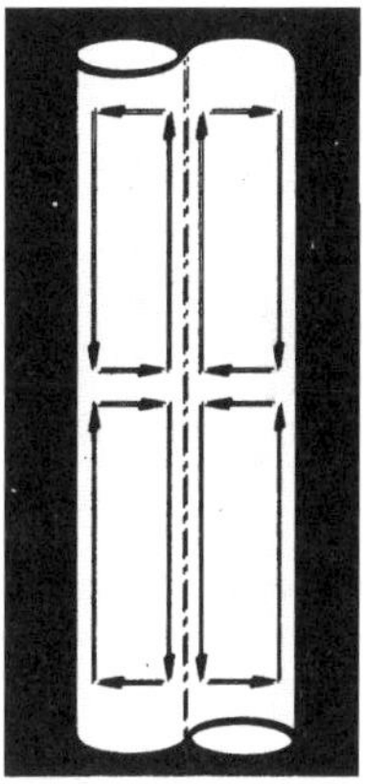

Abb. 10: Links: Staubfiguren aus der Originalarbeit von A. Kundt [10].
Rechts: Wirbelströmungen bei Resonanz als Ursache für Schwingungs-Bäuche (B) und -Knoten (K) [11].

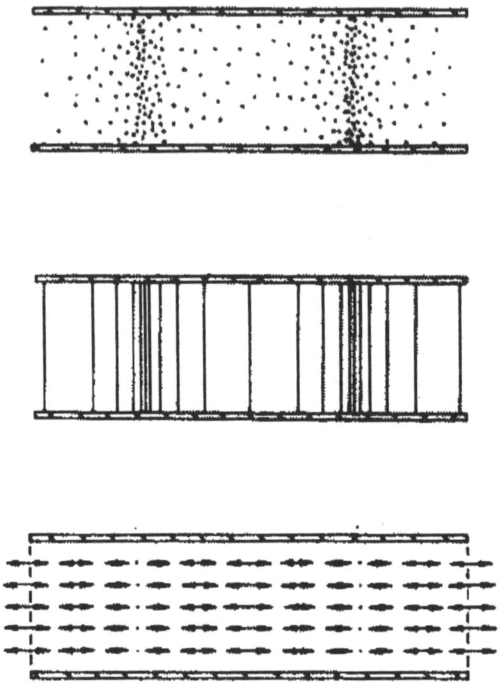

Abb. 11: Empfohlene Darstellung stehender akustischer Longitudinalwellen
oben: Teilchendarstellung.
Mitte: Dichte Strichelung = hoher Druck.
unten: Schallschnelle

Abb. 12: Äußerster Ring (oben) des weitgehend im Schatten liegenden Neptun (Sichel)

Abb. 13: Computer-Simulation der schwingenden Sonne

11.6 Resonanzen in der Technik

Tesla – Der „Resonanz-Magier".

Nikola Tesla: Seine Leistungen werden in keinem Schulbuch erwähnt, obwohl er zu den Größten der Elektrotechnik gehört. Schon 1936 schreibt J. Zenneck, Schüler von Ferdinand Braun (Braunsche Röhre) [14]: „Denn es gibt wohl wenige Erfinder, deren Erfolge im Anfang eine so große Begeisterung hervorgerufen haben wie die seinigen und die dann so vollkommen vergessen wurden wie er. Die Erfindungen Teslas liegen auf zwei Gebieten, demjenigen der Mehrphasenstrommaschinen und demjenigen der Hochfrequenztechnik.

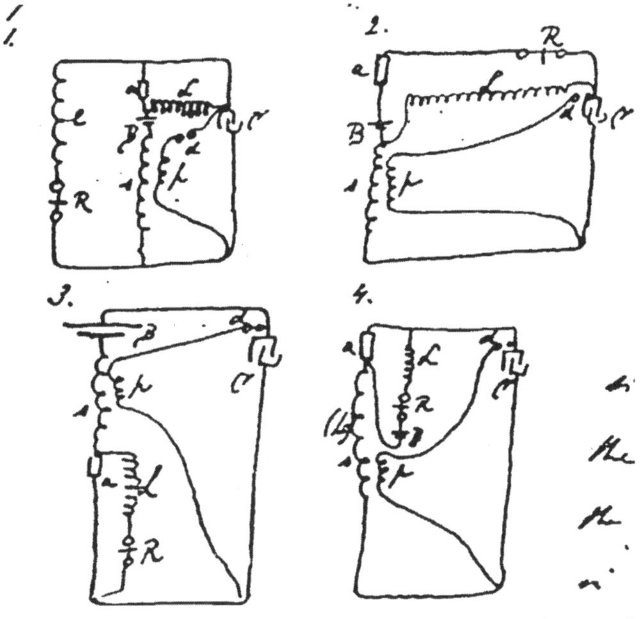

Abb. 14: Originalskizzen verschiedener Schwingkreise(Auswahl) (Muzej Nicole Tesle Beograd)

Außer der direkten Erzeugung von ungedämpften HF-Strömen hat er aber sehr bald diejenige Anordnung benutzt, die heute allgemein unter dem Namen ‚Tesla-Transformator' bekannt ist: ein primärer Kondensatorkreis mit Funkenstrecke, ein darauf abgestimmter Sekundärkreis, der meist aus einer Spule besteht. Der Kondensator wird durch eine Niederfrequenz oder Hochfrequenzmaschine mit Transformator geladen und entlädt sich in sehr rascher Funkenfolge durch die Funkenstrecke. Tesla hat diese Anordnung außerordentlich weit ausgebildet. Er hat alle möglichen Funkenstrecken mit den verschiedensten Elektroden (auch Serien-Funkenstrecken) in den verschiedensten Medien mit und ohne magnetisches Gebläse probiert und verblüffende Wirkungen erzielt. Tesla ist unzweifelhaft der Schöpfer der Hochfrequenztechnik. Wenn man in den ersten Jahren der drahtlosen Telegraphie irgendeine Patentanmeldung bekämpfen wollte, dann schlug man meist ...Teslasche Patentanmeldungen nach. Häufig fand sich dann dort schon irgendein Gedanke, der in dem neu angemeldeten Patent beansprucht wurde".

Nikola Tesla [15] wurde am 10.07.1856 als Sohn des Dorfgeistlichen Milutin Tesla in Smiljan bei Gospic/Serbien (österreichisch-ungarische Grenzprovinz Lika; heute Jugoslawien) geboren und ist am 07.01.1943 in New York gestorben. Analysiert man die Berichte über ihn, so stellt man fest, dass es sich um einen genialen und eigenwilligen Menschen mit ungeheurem Vorstellungsvermögen und Fantasie gehandelt haben muss. Er erfand den Wechselstrom-Motor und fand im berühmten Edison, einem Gleichstromanhänger, seinen härtesten Gegner (von denen, die bekannt geworden sind). Was bis heute übrig blieb, ist der bekannte Name Edison als Erfinder und ein Siegeslauf der Wechselstromtechnik, dessen Erfinder kaum bekannt ist.

Tesla lehnte den Nobelpreis ab, weil er ihn mit Edison gemeinsam bekommen sollte. Sein Verhalten und seine Erfindungen waren den Menschen seiner Zeit oft unerklärlich und so war, wie immer, das Unbegreifliche eine unerschöpfliche Quelle von Gerüchten über fantastische technische Wundertaten. In dem jugoslawischen Spielfilm aus dem Jahr 1980: „Das Geheimnis des Nikola Tesla" wird er als Mensch mit Sauberkeitsfimmel, empfindlich gegen Pfirsiche und übersensibel gegen Geräusche dargestellt. Er trank keinen Kaffee oder Tee, lehnte Whisky aber nicht ab. Zu anderen Personen hielt er möglichst 1,50 m Abstand – „das Magnetfeld der Menschen störte ihn" – und gab auch niemandem die Hand. Weiter berichtet man über ihn, dass er unfähig zur Teamarbeit war und niemanden einweihte in den Zweck der Sache, an der sie gerade arbeiteten. Auch bildete er niemanden aus [16].

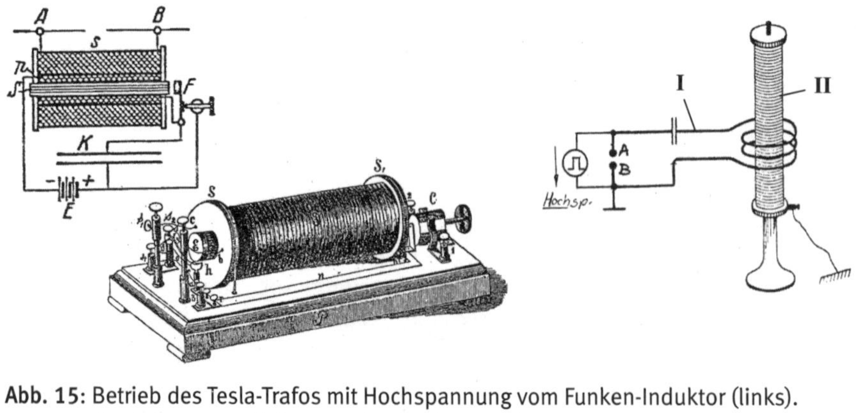

Abb. 15: Betrieb des Tesla-Trafos mit Hochspannung vom Funken-Induktor (links).
Der Primärkreis (I) liegt an der Funkenstrecke A-B.
(Hessler-Pisko: Kapitel: Kleiner und großer Rumkorffscher Induktor;
Lehrbuch der Technischen Physik; 1. Band; Wilhelm Braumüller Wien 1866; 3. Aufl.)

Tesla in seiner universellen Genialität untersuchte wahrscheinlich als erster zahlreiche Resonanzkreise (*Abb. 14*) und auch den Einfluss ihrer geometrischen Form auf das Verhalten. Er beobachtete viele Effekte, von denen er nur manche in seinen wenigen Veröffentlichungen oder in Texten seiner Patente erwähnt.

Der oben von Zenneck hervorgehobene „Tesla-Trafo" sei hier kurz vorgestellt: Es handelt sich um zwei gekoppelte Kreise mit gleicher Eigenfrequenz (*Abb. 15*). Bei Anregung (z. B. durch die Funkenstrecke) wandert die Energie aus dem Primärkreis (I) in den Sekundärkreis (II) hinüber. „Während die Schwingungen in I abnehmen, schaukeln sie sich in II auf und erreichen dort ein Maximum, wenn der Strom in I Null geworden ist. Dann kehrt sich der Vorgang um, und die jetzt in II enthaltene Energie (die natürlich infolge der Jouleschen Verluste etwas abgenommen hat) überträgt sich wieder rückwärts auf I und so fort. Jede der beiden Schwingungen stellt eine Schwebungskurve dar; das bedeutet aber, dass das ganze System zwei verschiedene Eigenfrequenzen besitzt, deren Überlagerung die beobachtete Schwebung erzeugt (*Abb. 16*)" [17].

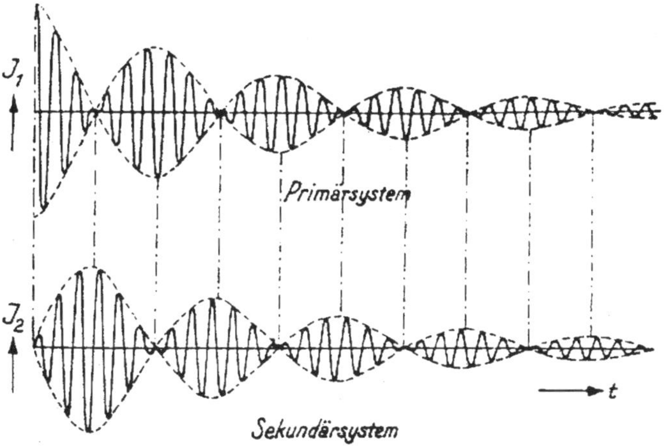

Abb. 16: Elektrische Kopplungsschwingungen [11]

11.7 Tesla-Transmitter.

Tesla entwarf als größtes Einzelprojekt einen Sender, der fast verlustlos große Energiemengen zu übertragen gestatten solle. Zu einer wirtschaftlich nutzbaren Realisierung kam es jedoch nicht. „Bei Experimenten mit einer Sekundärwicklung in der Form einer flachen Spirale, wie in meinen Patenten abgebildet, überraschte mich die Abwesenheit von leuchtenden Überschlägen (original: streamers), und es dauerte nicht lange, bis ich entdeckte, dass dies an der Position der Windungen und deren wechselseitiger Beeinflussung lag" [18]. Weiter schreibt er: „Dieser drahtlose Sender ist einer, in dem die Ausstrahlung Hertzscher Wellen eine völlig vernachlässigbare Größe ist, verglichen mit der Gesamtenergie ... die Dämpfung ist extrem gering, und eine enorme Ladung ist in der aufgerichteten Kapazität gespeichert. Eine derartige Schaltung kann dann durch Impulse beliebiger Art erregt werden, auch mit geringer Frequenz, und sie wird sinusförmige und kontinuierliche Schwingungen liefern ..."

Tesla betont die überragende Rolle der Flachspule.

Im Jahre 1905 patentierte Tesla je eine Sender- und Empfängerschaltung mit Flachspulen zusammen unter dem Titel: Die Kunst der Übertragung elektrischer Energie durch die natürlichen Medien (deutsche Übersetzung). Patente Nr.: 645 576 / 787 412; (1900 / 1905); (siehe *Abb. 17*).

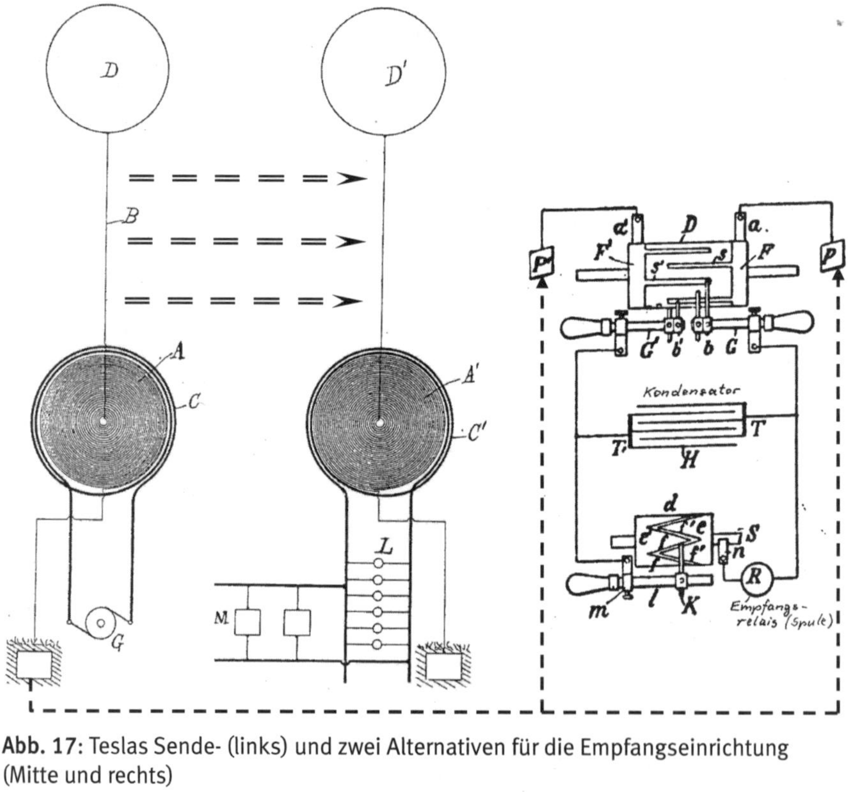

Abb. 17: Teslas Sende- (links) und zwei Alternativen für die Empfangseinrichtung (Mitte und rechts)

11.8 Resonanz kann auch zerstören

Stehende Wellen bzw. Resonanz kann auch zur Zerstörung führen. Ein berühmtes Beispiel ist das „Zersingen" eines Glases (*Abb. 18*). Mit der menschlichen Stimme soll es nicht gelingen, da sie den Ton nicht lange genug halten kann [5]. Es handelt sich um akustische Wellen, die sich im räumlich ausgedehnten Glas ausbreiten, im Resonanzfall sogar um stehende Wellen.

Stehende Wellen waren auch das Todesurteil für die Tacoma-Brücke im Staat Washington (USA), die am 7.11.1940 durch Sturmböen in ihrer Eigenschwingung angeregt wurde und „wie wild ins Schaukeln" geriet, bis sie zerbarst (Abb. 19). Man war allerdings gewarnt; denn schon vom ersten Tag ihrer Benutzung an begann die Brücke häufig auf- und abzuschaukeln, ein Umstand, der ihr schon bald den Spitznamen ‚Galoppierende Gerti' und eine ständige Beobachtung eintrug, der man diese Fotos verdankt [5].

Resonanz ist wertneutral:
Erwünschte und unerwünschte Wirkungen !

Abb. 18: „Zersingen" eines Glases

Abb. 19: Resonanz zerstört Tacoma-Bridge (USA 1940)

Man könnte erwarten, dass nach so langer Zeit die Technik von heute das Resonanzproblem bei Brücken beherrscht – im Gegenteil! Bereits am Eröffnungstag, dem 16.6.2000, musste eine moderne Fußgängerbrücke in London mit dem hochtrabenden Namen „Millenium-Brücke“ sofort gesperrt werden (*Abb. 20*), weil das Bauwerk mit einer Spannweite von 144 m zwischen den Pfeilern bei Benutzung zu gefährlichen horizontalen Eigenschwingungen angeregt wurde. Eigentlich hätte das an Seilen, die an Gitarrensaiten erinnern, aufgehängte Bauwerk „die Ingenieure sensibilisieren müssen“. Die Brücke mit Baukosten von 18,5 Millionen Pfund musste nachträglich mit zusätzlichen 5 Millionen Pfund stabilisiert werden, „zwei Jahre lang lachte man auf der Insel über die Brücke“ [5; 19; 20].

Abb. 20: „Seufzerbrücke der besonderen Art: Millenium Bridge in London“

11.9 Schleichende Material-Ermüdung durch Resonanzeffekte

Ein bis heute völlig rätselhafter Resonanzfall bei einem Kunstflug-Segelflugzeug: Bei den regelmäßigen Wartungskontrollen wurden immer wieder Risse in den Metallbeschlägen der Tragflügel- und Leitwerkaufhängungen entdeckt. (Letztere wurden dann stets erneuert). Der Verdacht auf Überbeanspruchung durch die Kunstflug-Manöver bewahrheitete sich nicht; außerdem war es das einzige Flugzeug dieses Typs, bei dem diese Schäden auftraten.

Eines Tages brach das Segelflugzeug nach einem Looping „vollkommen auseinander. Dies geschah in einer für eine Überbeanspruchung völlig untypischen Weise. Die gesamte Zellenstruktur war in der Luft in viele mittlere und kleine Bruchstücke auseinander gefallen, fast so, als hätte an Bord eine Explosion stattgefunden (was aber nachweislich nicht der Fall war). Bei genauer Untersuchung wurde eine innere Zerrüttung des Baumaterials festgestellt. Aus den Resten des Seitenruders konnte folgende Ursache ermittelt werden: Ein Vorbesitzer hatte, um die ‚Aerodynamik zu verbessern', die leicht eingezogenen Hautfelder des Seitenruders mit Kunstharz-Autospachtel eingeebnet (Abb. 21). Hierdurch trat eine unzulässige Gewichtsverteilung im Seitenruder auf, was im Flug zu Ruderflattern führte. Bemerkenswert ist, dass keiner der Flugzeugführer, die dieses Luftfahrzeug benutzt hatten, sich an irgendwelche abnormen Vibrationen erinnern konnte. Trotzdem wurde durch diese Schwingungen offensichtlich das gesamte Luftfahrzeug zerrüttet“ [21].

Abb. 21 zeigt das Seitenruder. (Es handelte sich nicht um den oben gezeigten Typ Ka 8. Er ist lediglich gezeigt, um Laien die Lage des beweglichen Seitenruders zu zeigen.)

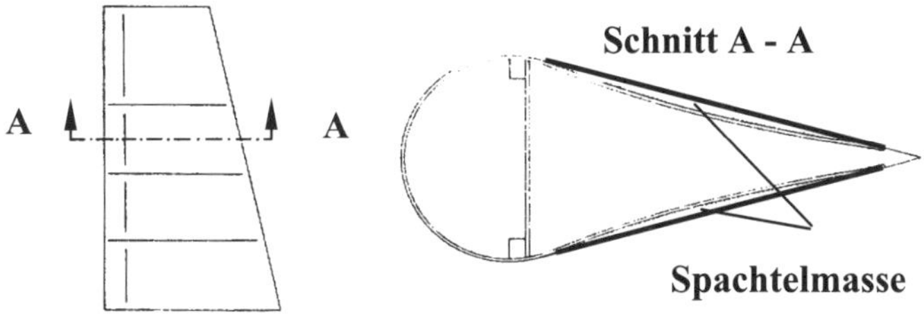

Abb. 21: Zum Resonanz-Unfall eines Segelflugzeugs

Ein anderes Resonanz-Beispiel aus der Luftfahrt, welches leider auch mit Zerstörung zu tun hat – allerdings auf ganz andere Weise – ist mit der V1 zu nennen, genauer mit ihrem aufgesetztem Staustrahl-Antrieb in *Abb. 22* links oben über der Flugbombe [22]. Dieser Antrieb ist an Einfachheit nicht mehr zu übertreffen. Bis auf einige wenige Ventile enthält er keine beweglichen Teile und arbeitet in Resonanz mit stehenden akustischen Longitudinalwellen wie eine Orgelpfeife. Bemerkenswert ist noch zusätzlich, dass der Schub dieses Triebwerks (bis zum Maximum V_{HS}) mit steigender Geschwindigkeit ebenfalls ansteigt! Der Schweizer Professor Fritz Zwicky schreibt 1950 über dieses Antriebsprinzip: „Infolge ... geistigen Schlendrians haben es die Alten ... unterlassen, sich mit einem der einfachsten aller Translationsantriebe, dem Aeroresonator zu beschäftigen ... Die Ironie der Situation liegt darin, dass die Ägypter oder die Griechen sehr wohl mit einem ventillosen Aeroresonator, mit Holzkohle als Triebstoff und mit einem großen Brett als Flügel hätten fliegen können“ [23].

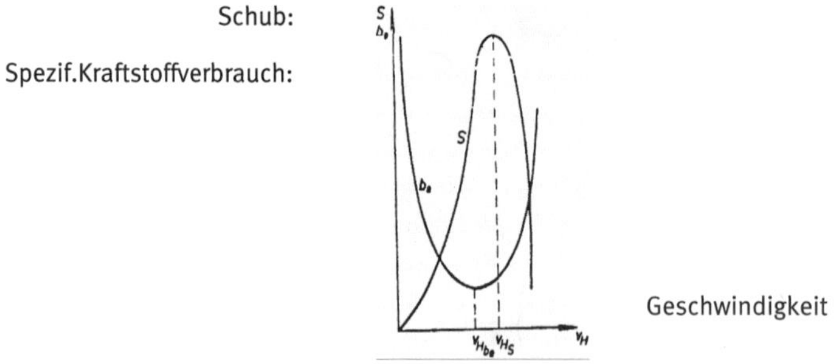

Abb. 22: V 1 mit Staustrahl-Antrieb und zugehörige Kennlinien

Antrieb durch Resonanz

11.10 Die Analogieschlüsse des Entomologen Ph. Callahan

Jeder kennt Antennen auf Hausdächern, Auto-Dächern usw. Ihre Länge bzw. die Längen ihrer Elemente sind für eine optimale Funktion genau vorgeschrieben, und zwar stehen die Maße in einem bestimmten Verhältnis zur Wellenlänge der zu empfangenden Wellen, ihre Struktur ist in gewissem Maße also vorgeschrieben, erst dann können sich passende stehende Wellen (Resonanz) auf ihnen ausbilden. Dem Entomologen Callahan im U.S. Department of Agriculture und Professor an der University of Florida fielen die Ähnlichkeiten technischer Antennen mit den Härchen usw. auf Insektenpanzern auf (*Abb. 23*) [24].

Strukturen ermöglichen stehende (Oberflächen-)Wellen.

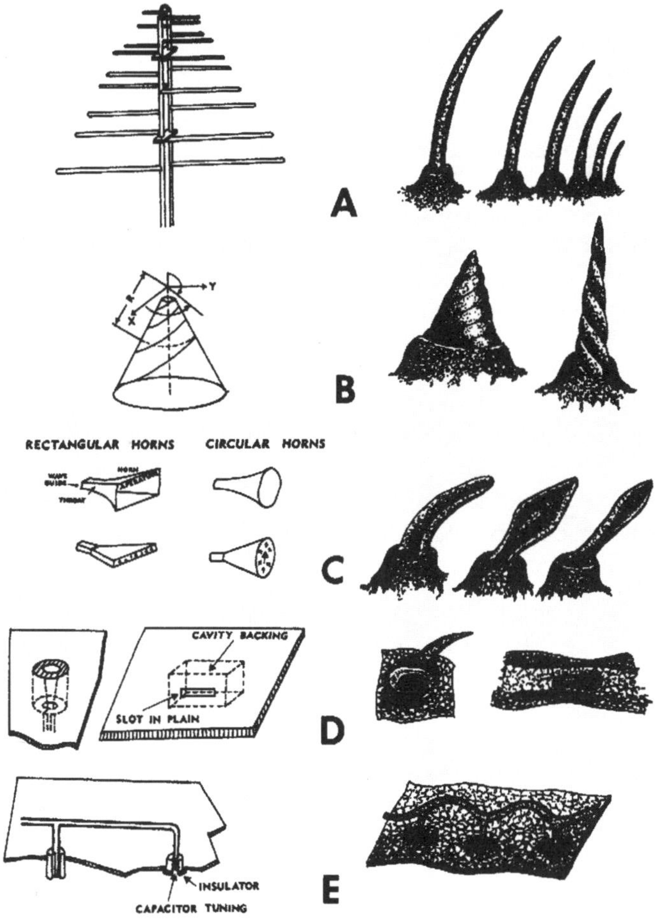

Abb. 23: Analogie zwischen Antennen der Technik und ihrem jeweiligen dielektrischen Gegenstück der Insekten

Er fand heraus, dass diese Gebilde mit den Signalen der Insekten-Lockstoffe (Pheromone) in Resonanz treten.

Diese Stoffe erzeugen im Zusammenhang mit dem Wasserdampf der Luft Modulationen der infraroten Strahlung. Auf diese Weise finden Insekten ihr Ziel auch mit dem Wind fliegend, wenn die stofflichen Duftmoleküle eigentlich fortgeblasen werden. Die Analogie bezieht sich zunächst auf die Antennenformen, nicht aber auf das Material. Bei den Insekten-Härchen usw. handelt es sich nämlich um Nichtleiter, im Gegensatz zu den metallischen Antennen der Technik [24].

Aber auch in der Technik gibt es Antennen aus Nichtleitern, aus Kunststoff: Dielektrische Antennen. Einige Beispiele zeigt *Abb. 24* oben rechts. Ein metallischer Rundhohlleiter (Leiter!) wird durch einen keulenartigen Kunststoffkörper (Nichtleiter) abgeschlossen, der dann die vom Hohlleiter herangeführte Energie abstrahlt. Bei Empfangsbetrieb ist die Richtung umgekehrt. Mit solchen kompakten Ausführungen sind gute Richtwirkungen erzielt worden [25].

Callahan betrachtet sogar die Blutgefäße des Menschen als dielektrische Wellenleiter: „Man kann die Blut-Kapillaren als ein System von Wellenleitern betrachten, die den ganzen Körper in geordneter Form durchziehen“ . Außerdem betrachtet er die Wechselwirkung des Aids-Virus mit dem T-4 Lymphozyten, einem weißen Blutkörperchen, welches zum Immunsystem gehört, als Resonanz-Geschehen: „Der Aids-Virus muss ein spezielles Kommunikationssystem besitzen, das mit seinen Antennen zusammenhängt, mit denen er die T-4 Lymphozyten identifiziert. Diese sind rundum mit Stab-Antennen-ähnlichen Strukturen versehen“ [26]. Zur Unterstützung seiner These machte er ein maßstabsgerechtes Modell einer Virus-Antenne für den Mikrowellenbereich und erzielte hervorragende Strahlungsergebnisse. Seine Folgerungen sind, dass die Aktivität der Virus-Oberfläche auf der Abstrahlung von Wellen beruht und dass man den Virus bekämpfen könnte, indem man ihn in einer Art Blutwäsche mit seiner Resonanzfrequenz beaufschlägt. Erste Versuche sind vielversprechend gelaufen.

Callahan ist nicht nur auf vielen Gebieten bewandert. So hat er die Rundtürme in Irland mit völlig anderen Augen gesehen als andere. Er sieht sie als Hohlraum-Resonatoren für Strahlungsenergie von der Sonne, die sie verstärken und so in die Umgebung abgeben (*Abb. 24*). Dadurch wird das Wachstum der Pflanzen gefördert. In dem dargestellten Beispiel hat seiner Vermutung nach die unterhalb der Eingangsöffnung eingefüllte Erde die Aufgabe, den Hohlraum auf genau die passende Resonanz abzustimmen. Maßgebend für die Wirkung sei der Paramagnetismus des Baumaterials, also schwache magnetische Kräfte. Zu betonen ist hierbei, dass organisches Material, also Pflanzen, in dieser Hinsicht genau entgegengesetzte Eigenschaften haben: Sie sind diamagnetisch. Offensichtlich existieren hier zwei komplementäre, also sich ergänzende Polaritäten. Hierzu hat Callahan erfolgreiche Wachstumsversuche mit Modellen dieser Türme gemacht [27].

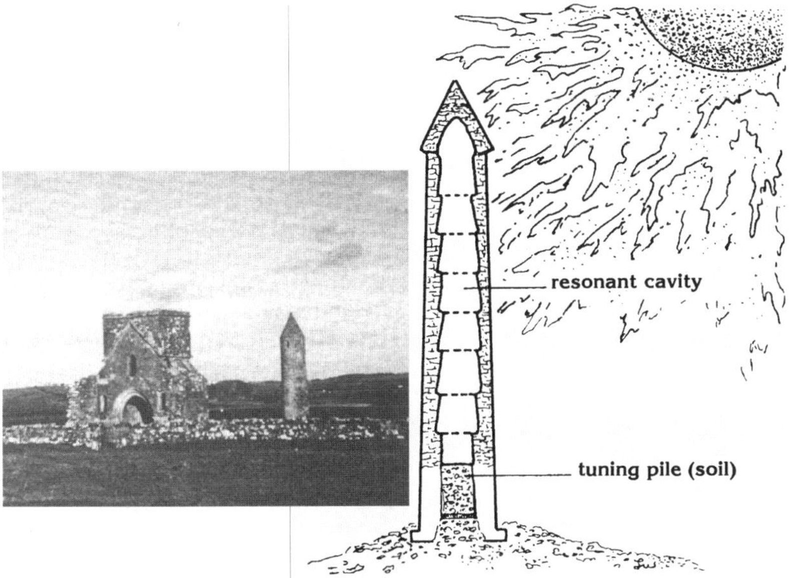

Abb. 24: Rundtürme in Irland, aufgefasst als Resonatoren und damit fruchtbarkeitsfördernd

11.11 Resonanzen in vielen Größenordnungen

Taucht man ins ganz Kleine oder gar ins „Nichts“ hinab, so begegnet einem auch dort schon der Resonanz-Begriff: Bei Versuchen in Beschleunigern der Kernphysik werden Teilchen mit hoher Energie auf Protonen geschossen. Es gibt dabei bestimmte Energiewerte, Resonanzen genannt, (Maxima des Wirkungsquerschnitts), bei denen beide bevorzugt miteinander reagieren. Diese Resonanzen verhalten sich wie äußerst kurzlebige Elementarteilchen. In diesem Bereich verschwimmt die Grenze zwischen Energie-Feldern, Schwingungen, Wellen und Teilchen hinter unüberschaubaren Messsystemen und Theorien ...

Resonanzen: Feldzustände in der Teilchenphysik

Das „Nichts“ wurde oben in Anführungszeichen gesetzt; denn besser wäre die Bezeichnung „Feldstrukturen“. Dass Eisenteilchen durch ein Magnetfeld geordnet werden, weiß jeder, und so kann man sich noch andere Felder vorstellen, in denen sich Wellen (analog zu Wasserwellen) ausbreiten. Der nächste Schritt ist die Vorstellung sich überlagernder stehender Wellen (Interferenzen), deren Knoten (Verdichtungen) die Elementarteilchen bilden. Bild 26 zeigt die Aufnahme einer Platinspitze mit etwa 700.000-facher Vergrößerung, die als Modell für diese Auffassung dienen kann. Die hellen Punkte in dem Bild stellen einzelne Atome dar [28].

Abb. 25: Platinspitze in 700 000facher Vergrößerung

Überträgt man richtig dosierte Energiebeträge auf Atome, so leuchten diese in entsprechenden Farben auf; sie "antworten" mit ihrem Spektrum. Dosiert man den zugeführten Energiebetrag falsch, so bleibt das Atom "stumm", man hat keine Resonanz, keinen "Widerhall".

Während Elementarteilchen als Grundbausteine der Substanz aufgefasst werden, kann man die Zellen als kleinste Einheiten von Organismen betrachten. Hier ist seit Jahrzehnten eine besondere Strahlung bekannt, die Biophotonen nach F. A. Popp. Gemeint sind "die Lichtquanten einer Strahlung, die aus lebenden Zellen kommt". Quelle (Sender) ist die DNS (*Abb. 26*), deren Helix-Struktur wie eine Antenne in Resonanz wirke, da sie die passenden Maße habe. Popps Arbeiten ergaben, dass ihre räumliche Struktur bei der Steuerung von Zellwachstum und -differenzierung eine Schlüsselrolle spielt. Maßgeblich ist dabei das im Hohlraumresonator DNS schwingende und gespeicherte Biophotonenfeld [28]. Dies bedeutet wieder nichts anderes als stehende Wellen, wie sie schematisch in *Abb. 6* dargestellt wurden. Die Zellen können Biophotonen abgeben und aufnehmen, letztere dienen also zur Kommunikation zwischen den Zellen, zum wechselseitigen Austausch von Informationen über Wachstum und Stoffwechsel. Das bedeutet z. B. auch, dass falsche oder zuviel Solarium- oder auch Schwarzlicht-Strahlung als "Störsender" wirkt und die ideale Kommunikation der Zellen untereinander behindert wird, mit der Folge von (Haut-) Krankheiten.

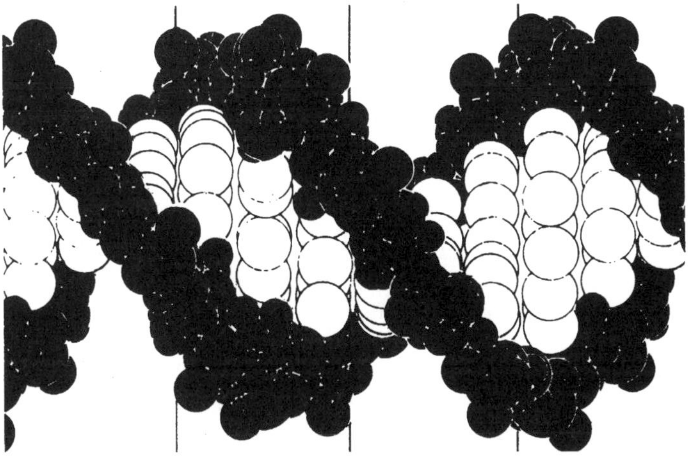

Abb. 26: DNS (englisch: DNA) Doppelschraube (Doppelhelix)

Zur DNS-Resonanz gibt es noch eine zusätzliche Auffassung von Alex Frolov. Er vertritt die Ansicht, dass es sich nicht um eine elektromagnetische Resonanz handele, sondern um eine mechanische. Es finden nach ihm Longitudinal- und Torsionsschwingungen in der Doppelspiral-Struktur statt. In diesem Fall sei der Einfluss auf das DNS-Molekül nicht durch Hertzsche Wellen, sondern durch Longitudinalwellen möglich [29].

Popp hat in diesem Zusammenhang mindestens schon 1983 auf longitudinale Wellen (Schallwellen bzw. Phononen) hingewiesen [30].

DNS = (Hohlraum-)Resonator

11.12 Eine wichtige Kenngröße von Resonatoren: „Güte"

An dieser Stelle muss kurz eine Kenngröße von Resonatoren besprochen werden: Ihre Güte „Q", oder Resonanzgüte, die auch bei Popp eine große Rolle spielt. Je „schärfer" die Resonanz des Systems ist, desto schmaler und höher wird die beschreibende Kurve (*Abb. 2*). Regt man einen Resonator durch etwas Energie kurzzeitig zum Schwingen an, dann wird seine Schwingung nach einiger Zeit abklingen – man denke an die Kinderschaukel. Die Dauer dieser Schwingung hängt von der Güte des Resonators und diese von seinen Verlusten ab. Bei der Schaukel wäre dies die Lager- und Luftreibung. Abb. 28 zeigt links die abklingende Schwingung eines Resonators hoher Güte und rechts bei geringer Güte. Je höher die Güte, je länger also die Schwingung andauert, desto besser ist auch die Speicherwirkung des Resonators. Umgekehrt kann ein solcher Resonator (als Empfänger) am besten das Nutzsignal von Störsignalen unterscheiden. Nutzsignal bedeutet mit anderen Worten auch „Information". Die Störsignale werden oft allgemein als „Rauschen (Noise)" bezeichnet.

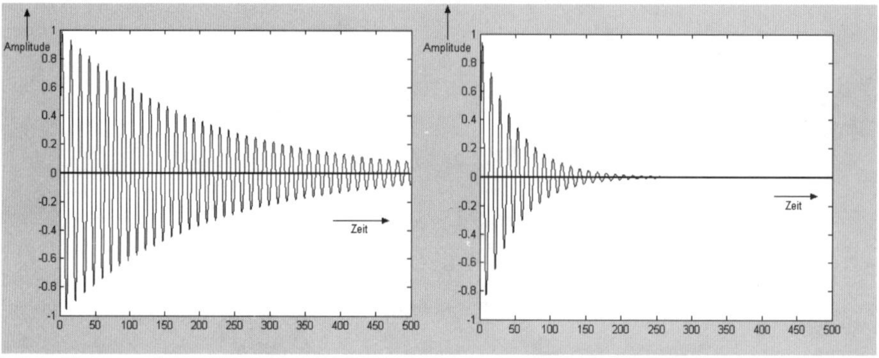

Abb. 27: Gedämpfte Schwingungen von Resonatoren (links Resonator mit höherer Güte als rechts)

In diesem Zusammenhang ist auch von großem Interesse, was Popp in Hinsicht auf die Wirkung homöopathischer Medikamente bzw. die Ähnlichkeitsregel (‚similia similibus') – eigentlich „Gleichheit mit Gleichem" – schreibt. Er erinnert an den Stimmgabelversuch und weist darauf hin, dass einer Stimmgabel bei Annäherung einer nicht schwingenden Gabel durch Absorption Energie entzogen wird. Man wird an die Sicherungsetiketten der Kaufhäuser erinnert (s.o.). Bei den Stimmgabeln sind die Frequenzen von Sender und Empfänger gleich. Bringt man nun in einen Organismus, in dem „bereits das Gift in hoher Oszillation schwingt", ein Medikament mit gleicher Eigenfrequenz, so „wird diese Energie (dem Organismus) entzogen" [31].

Modellvorstellung für Medikamentenwirkung: Energie-Entzug durch Resonanz-Absorption

Elektromagnetische Strahlung aus Zellen wird seit langer Zeit bei der Kern-Spin-Tomografie (nuclear magnetic resonance – NMR), dem ‚Fenster in den Körper', genutzt: Atome, die in Harmonie mit einem außen angelegten Magnetfeld schwingen, geben beim Abschalten des Feldes charakteristische Strahlung ab.

Die Menschen von heute sind überall von elektromagnetischen Wellen umgeben, eine Tatsache, die besonders intensiv seit dem Aufkommen des Mobilfunks diskutiert wird. Selbstverständlich absorbiert der Körper einen Teil dieser Energie durch Resonanzeffekte. Es gibt dazu zahllose Untersuchungen, die das Thema sprengen würden. Es seien zwei Beispiele erwähnt. Zunächst die „wichtigsten Untersuchungen dazu von Keilmann und Grundler 1983 mit dem Wachstum von Hefezellen" [32]: Lässt man Mikrowellen (ähnlich denen bei Mikrowellenherden) auf Hefezellen einwirken, so wird bei jeweils bestimmten Frequenzen das Wachstum beschleunigt oder verlangsamt (Schwellintensität ca. 0,1 mW/cm^2) (*Abb. 28*) [33].

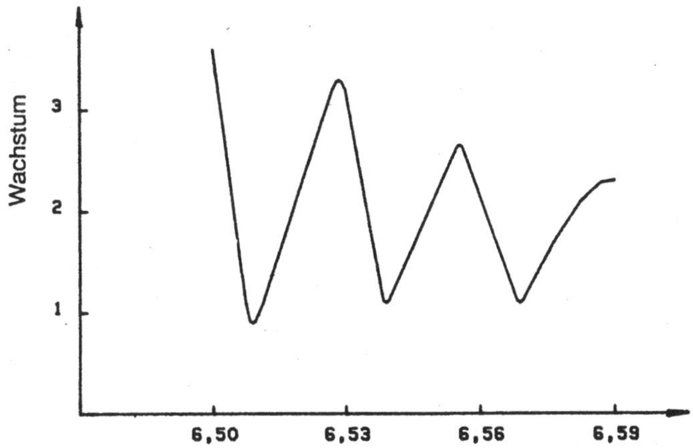

Abb. 28: Resonanzartige Frequenzabhängigkeit der Wachstumsrate von Hefezellen bei sehr kleinen Strahlungsleistungen von 1...10µW/cm2

Ein zweites Beispiel ist „noch spektakulärer“, nämlich „die Ergebnisse von DNS-Mikrowellen-Resonanzen, die mit einer Reihe theoretischer Überlegungen (F.-A. Popp) und praktischer Messungen harmonieren (*Abb. 29*). Spektakulär deshalb, weil die DNS in den Chromosomen im Zellkern als funktioneller Speicher der genetischen Informationen die wichtigste Kommandostelle im Zellgeschehen einnimmt“ [32].

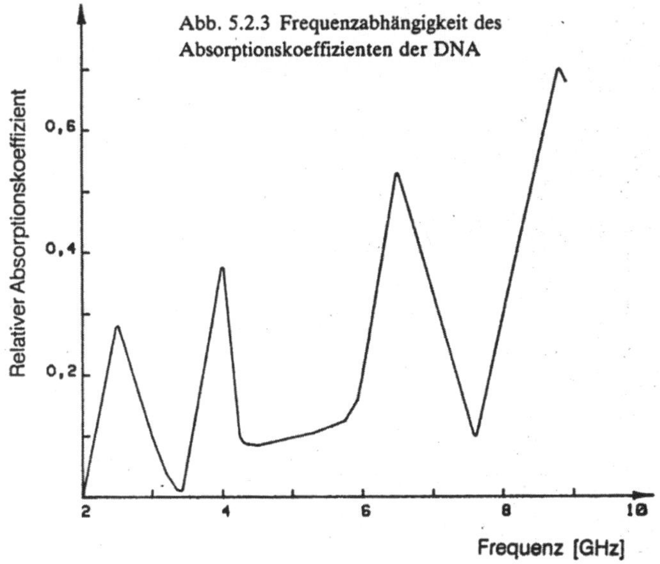

Abb. 29: Änderung des Absorptionskoeffizienten der DNS in Abhängigkeit von der Frequenz und damit die Beeinflussung der Erbanlagen durch Mikrowellenstrahlung

Mensch und Tier müssten ohne einen ganz bestimmten Resonanzeffekt verhungern: Es geht um die Photosynthese. Dort gibt es eine Substanz, die fähig ist, die Energie der Sonnenstrahlung bzw. deren Strahlungsquanten zu absorbieren, die absorbierte Energie auf andere Moleküle zu übertragen, wieder zum Ausgangszustand zurückzukehren und erneut Strahlungsquanten zu absorbieren: das Chlorophyll (*Abb. 30*). „Es absorbiert Licht im blauen und roten Bereich des Spektrums und erscheint uns daher grün“ [34].

Der Absorptionsvorgang ist im atomaren Bereich ein Resonanzvorgang, es wird nur der Energiebetrag absorbiert, der zu bestimmten Elektronenzuständen passt. Und Elektronen gehören zur Atom-Hülle, welche für alle chemischen Vorgänge, also auch jene der Photosynthese, zuständig ist.

Photosynthese: Resonante Wechselwirkungen

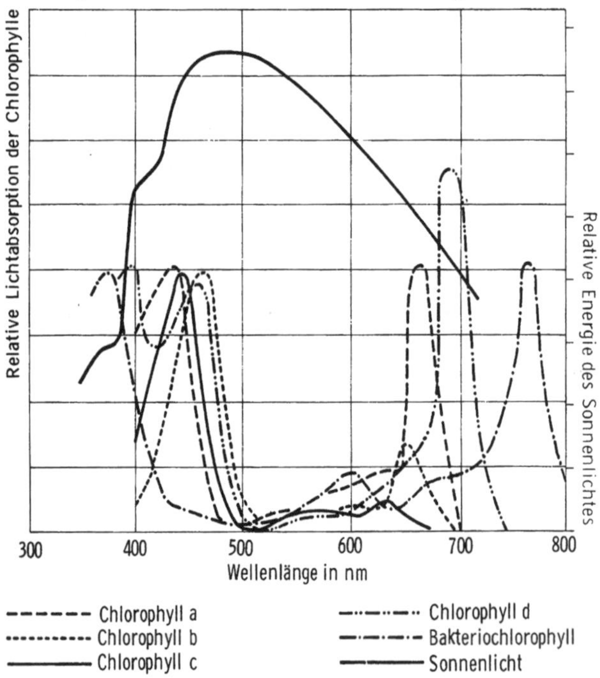

(oben)

Abb. 30: Absorptionskennlinien der verschiedenen Chlorophyll-Arten (Oberste Kurve in der Grafik: Einstrahlung von der Sonne)

11.13 Der Mensch und sein (blitzendes) Umfeld

Und wie ergeht es dem Menschen auf seinem „Stammplatz Erde“, eingebettet in schützende Hüllen wie Atmosphäre und Ionosphäre? Eine weitgehend unbekannte Resonanz hat Rohracher aufgedeckt. Es existieren mechanische Mikrovibrationen der menschlichen Körperoberfläche und auch des Erdbodens [35]. Beide Frequenzen liegen im Bereich um 10 Hz und sind von Mensch zu Mensch und beim Erdboden von Ort zu Ort leicht unterschiedlich. Es drängt sich die intensive Vermutung auf, dass Körper- und Erdvibration zusammenpassen müssen; somit kann das Heimweh von Auswanderern und Vertriebenen unter anderem eine recht interessante, tiefere Ursache haben. Die Vibrationen stimmen eben nicht ...

Erde – Mensch – Atmosphäre: Gekoppelte Resonanzsysteme

Noch erstaunlicher wird es, weitet man seinen Horizont noch mehr und nimmt zur Kenntnis, dass der Raum zwischen Erde und umhüllender Ionosphäre ein Resonator für elektromagnetische Wellen ist (Schumann-Resonanzen) [36], die von den weltweiten Gewittern angeregt werden (*Abb. 31*). Ihre Frequenz liegt ebenfalls um 10 Hz, und die gleichen Frequenzen findet man auch bei den Gehirnwellen (EEG). Da wundert man sich auch noch kaum darüber, dass diese “Sferics“ vielerlei gesundheitliche Effekte auslösen. Auf diesem Gebiet hat der ca. 2003 verstorbene Physiker Wolfgang Ludwig jahrzehntelang mit großem praktischen Erfolg geforscht.

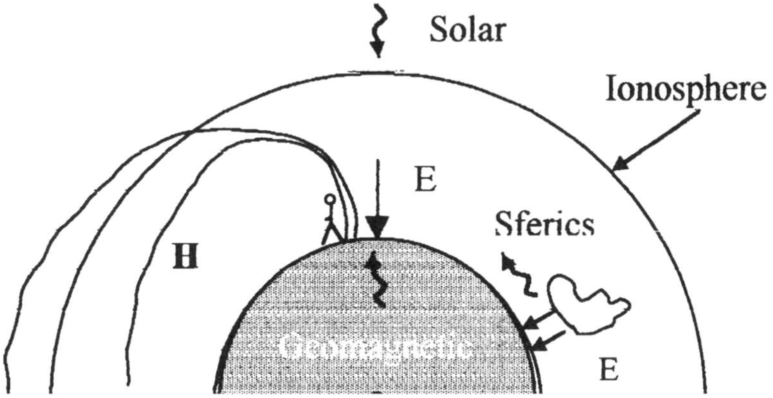

Abb. 31: Hohlraum-Resonator Erde-Ionosphäre
Der Mensch befindet sich im Erdmagnetfeld H (links) und im elektrischen Feld E der Atmosphäre. Von der Sonne kommt Solar-, aus der Erde geomagnetische Strahlung und von Gewittern erreichen ihn die Sferics.

11.14 „Symphonie Mensch“: Gekoppelte Schwingungen und Wellen

In den menschlichen Körper hinein geschaut: Etwas schwingt, pocht, klopft, „rast“: das Herz (ist es nicht beziehungsreich, dass „Hertz“ die Einheit für Schwingungen, für die Frequenz ist? Gemeint ist Heinrich Hertz mit „tz“, aber beim Sprechen hört man's ja nicht). Bei jedem Impuls „dehnt sich die elastische Aorta wie ein Ballon und lässt einen Druckimpuls – den Pulsschlag – die Aorta hinunter wandern. Erreicht der Impuls die Gabelung im Unterleib (wo die Aorta sich teilt und in die Beine führt), dann wird ein Teil des Druckimpulses zurückgeworfen und wandert in der Aorta wieder nach oben [37]). Hat in der Zwischenzeit das Herz weiteres Blut ausgestoßen, so dass ein neuer Impuls nach unten wandert, dann treffen die beiden Druckfronten irgendwo in der Aorta aufeinander [38]. Bei bestimmten Atembedingungen sind vor- und rücklaufende Druckwelle genau im Takt, und das ganze System Herz – Aorta pulsiert mit diesen stehenden Longitudinalwellen in Resonanz!

Sehr zu denken gibt die Tatsache, dass es in vielen Fällen bei Herzstillstand genügt, durch äußerliche mechanische Herzdruck-Massage dieses System wieder „anzuwerfen“. Dies zeigt den Menschen als einen Resonator, den man nur wieder anstoßen muss, damit er wieder ‚schwingt und klingt'. Das Umgekehrte gibt es allerdings auch: Tödliche Folgen durch eine Herzerschütterung aufgrund vergleichsweise leichter Schläge (z. B. Schneeball) auf den Brustkorb. Dies kommt meist bei Kindern und Jugendlichen mit noch nicht voll entwickeltem Brustkorb vor [39].

Schon in einer älteren Arbeit [40] wird darüber berichtet, „dass die ganzzahlige Abstimmung zwischen Herzaktion und stehender (Longitudinal-) Welle im arteriellen System eine günstige Koaktionslage für den Synergismus beider Vorgänge sichert und darum von ökonomischer Bedeutung ist“. Weiter ist dort zu lesen, dass sich „der Atemrhythmus dem Blutdruckrhythmus synchronisiert“. Es wurden viele empirisch gefundene Häufigkeitsverteilungen der Frequenz bzw. Periodendauer von Kreislauf- und Atemrhythmen des Menschen in einer Grafik zusammengestellt (*Abb. 32*). „Die Häufigkeiten sind von beiden Seiten her zur Mitte hin aufgetragen. Auf der Seite des Kreislaufs finden sich außer dem Pulsrhythmus die respiratorischen Kreislaufschwankungen, die dem Atemrhythmus entsprechen, der 10-Sekunden-Rhythmus des Blutdrucks und die sog. Minutenrhythmik der peripheren Durchblutung, die im Muskel 1 min Periodendauer bevorzugt, in Haut und Leber zugleich auch die 30-Sekunden-Bande. Auf der Seite der Atmung ist neben der Häufigkeitsverteilung der Atemfrequenz auch die der sog. höheren Atemperioden vom Biotschen oder Cheyne-Stokesschen Typ, die den Atemablauf überformen und – wie wir früher gezeigt haben – meist mit dem 1-min-Rhythmus der peripheren Durchblutung synchronisiert sind (Hildebrandt 1961)“. In neuerer Zeit hat M. Moser tiefere Zusammenhänge zwischen Herzfrequenzvariationen und Atmung aufgedeckt und für diagnostische Zwecke aufbereitet [41].

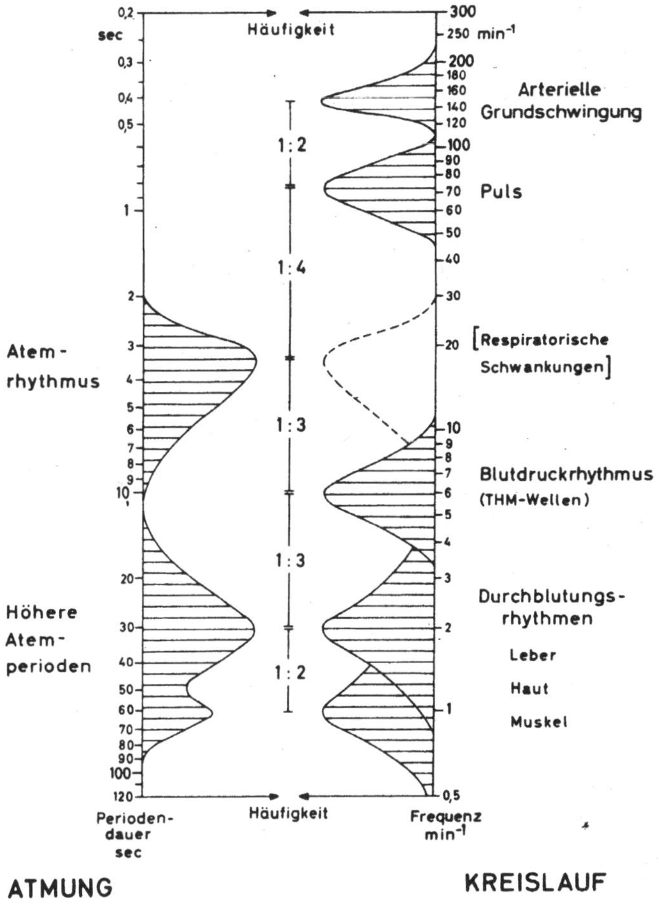

Abb. 32: Häufigkeitsverteilungen der Frequenz bzw. Periodendauer von Kreislauf- und Atemrhythmen.

Eine hochinteressante Analogie-Vorstellung zur Wirbelsäule findet sich bei Rudolf Hauschka [42]: “Der...Wechsel zwischen Bandscheibe und Wirbelknochen ist ein Rhythmus zwischen Verdichtung und Verdünnung ... Im Gebiet der reinen Schallphänomen in der Luft kennt man es als Longitudinal-Schwingungen“. Gemeint sind stehende Longitudinal-Wellen, manifestiert in der Struktur der Wirbelsäule.

„System Mensch“: Gekoppelte Schwingungen und Wellen

Konsequenterweise gibt es viele Bewegungstherapien, die sich auf den Körper, wie er sich im Raum bewegt, konzentrieren und Tanzformen einbeziehen. Dabei ergibt sich auch die Möglichkeit, dass der Mensch dabei mit der Musik in Resonanz gerät und dadurch innerlich synchronisiert wird (*Abb. 33*).

Abb. 33: Dhikr Tanz-Gebärde: Tanzender Derwisch in Ekstase (nach Vaegs)

Der sehr belesene Bernhard Vaegs beschäftigte sich auch mit einer Vielzahl von Kult-Tänzen und stellte dabei fest, „dass es letzten Endes immer wieder um das Gewinnen einer gewissen Lebensenergie ging. Offenbar ist neben dem Wirbel auch der Tanz so eine Art ‚Jungbrunnen'. Keiner drückte das so deutlich aus wie die Vorväter der heutigen Mormonen im US-Staat Utah. Unumwunden gaben sie zu, dass sie ohne die abendlichen Tänze am Lagerfeuer den strapaziösen langen Marsch zum großen Salzsee nie geschafft hätten" [43].

Konsequent ist das Aufkommen ungezählter Geräte der Medizin, die für diagnostische und therapeutische Ziele mit Schwingungen unterschiedlichster Art arbeiten. Nach dem oben Gesagten ist zu erwarten, dass sie sehr wirkungsvoll sein können. Wie weit das geht, dürfte sehr verschieden sein, da es die Formel zur individuellen Gestaltung des Signals (noch?) nicht gibt. Für den „Außenbeobachter" ergibt sich das Gefühl, dass bei einer derartigen Therapie „mit Schrot geschossen wird" – ein Korn wird schon treffen, aber was machen die anderen?

11.15 Der Mensch als offenes System: Empfänger und Sender von Signalen

Es wurde bisher mehr das Körperliche, das Stoffliche betont, deshalb sei jetzt auch auf das Gemüt, die Psyche hingewiesen, damit das Gleichgewicht gewahrt bleibt. Die emotionalen Wirkungen von Kunstwerken wie Formen, Gestaltungen, Mustern, die über unsere Augen und Ohren in unser Inneres überführt werden, können als erhebende oder niederdrückende Resonanzerscheinungen betrachtet werden, auf- oder abbauend. Und es gibt noch eine Möglichkeit: Gar keine innere Resonanz, nämlich Gleichgültigkeit.

Speziell zur Musik fand sich folgende Aussage: „Wie die Erfahrung lehrt, geht Musikerleben weit über ein Nur-Hören hinaus und stellt ein komplexes psychosomatisches Geschehen mit affektiven und vegetativen Reaktionen dar ... Jeder Mensch bevorzugt seine Musik, ... er ist gewissermaßen ein Resonator für seine Lieblingsmusik; denn nur diese führt zu stärkstem positiven emotionalen Erleben“ [44].

Befindensänderung durch innere Resonanz(en)

Der populäre Ausdruck, ein Mensch sei verstimmt, nimmt unbewussten Bezug auf ihn als „schwingendes Musikinstrument“. Die Medizin sagt es griechisch: (Vegetative) Dystonie, die Harmonie ist in Disharmonie umgeschlagen. Hierzu liest man bei Samuel Hahnemann [45]: „Krankheiten sind dynamische Verstimmungen unseres geistartigen Lebens in Gefühlen und Tätigkeiten; das sind unmaterielle Verstimmungen unseres Befindens“. Es fragt sich dabei, wurden die inneren Rhythmen aus der gegenseitigen Ordnung (Phasenlage) gebracht oder liegen nur einzelne „Resonatoren“ neben der richtigen Frequenz ?

Gekoppelte Resonatoren sind eventuell „außer Tritt“ bezüglich Phasenlage und/ oder Frequenz

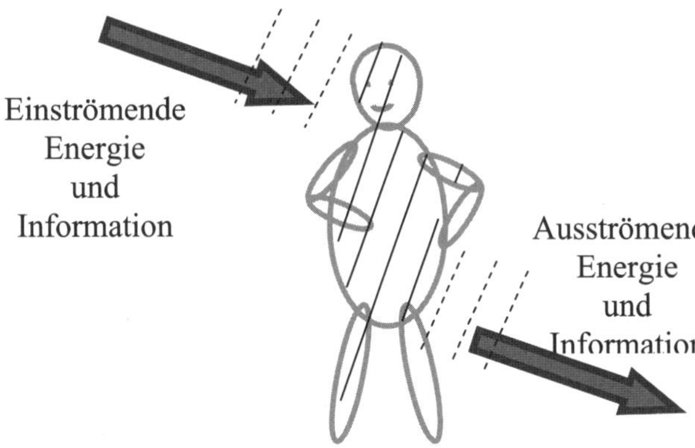

Abb. 34: Der Mensch: Empfänger und Sender von Signalen

Ergänzend dazu seien noch zwei Redensarten beleuchtet. Man hört recht oft in letzter Zeit: „Die Chemie stimmt“, wenn ein gutes Verhältnis zwischen zwei Personen charakterisiert werden soll. Damit ist unbewusst auf Stoffliches Bezug genommen, denn Chemie ist die Lehre vom Stoff und seinen Wandlungen. Wer so spricht, ist noch dem Stoff, der Substanz verhaftet, viel besser ist die Aussage mit der gleichen Bedeutung: „Sie haben die gleiche Wellenlänge“, die glücklicherweise auch zu hören ist. Dann fühlt man fast die gegenseitigen „Vibrationen". Als Naturgesetz gilt, dass jedes schwingende System auch Schwingungen bzw. Wellen abgibt, also kann man dies auch für den Menschen folgern.

Es dürfte recht wenig bekannt sein, was gute Geigenbauer wissen: Jede neue Geige muss eingespielt werden und ihr zukünftiger Klang hängt davon ab, wer sie zum erstem Male spielt! Die Schwingungen der Saiten übertragen sich in Frequenz und Amplitude zum ersten Mal auf das Holz, auf seine Klebestellen, auf alle Moleküle der Gesamtstruktur. Das Instrument speichert, wie die Saiten angestrichen wurden und wer es festhielt und wie er es tat (z. B. verkrampft oder nicht).

11.16 Kopplung verwischt individuelle Eigenschaften

Sofortige Sympathie oder Antipathie einer Person gegenüber: diese Empfindungen kennen alle. Niemand aber weiß bis heute objektiv, welche Felder, Vibrationsmuster und Ausstrahlungen bei der Begegnung mit dem Gegenüber wirklich eine Rolle spielen. Eines aber ist sicher, die „Menschen sind aneinander loser oder fester gekoppelt. Lose Kopplung beeinflusst wenig, unendlich lose gar nicht; feste Kopplung verstimmt mehr und mehr, buchstäblich und übertragen gemeint" [46]. Dies ist gefolgert aus der physikalischen Tatsache, dass gekoppelte Systeme nicht mehr auf ihren individuellen Eigenfrequenzen schwingen, sondern auf neuen, die vom „Koppelgrad k" abhängen.

Diese Frequenzverschiebung, analog auf den Menschen bezogen, entspräche einer positiven oder negativen Befindensänderung. In Hinsicht auf die negativen Wirkungen schreibt E. Buchwald schon 1949 [46]: „Diese Tatsachen sind wohlbekannt von den engen Gemeinschaften auf einem Segelschiff, auf einer Polarexpedition: die Energieströme, die zwischen den Individuen hin- und hergehen und keinem erlauben, im Eigentone zu schwingen, führen erst zu Verstimmungen, dann geradezu zu Psychosen, zu seelischen Verformungen". So etwas passiert also, wenn die Gemeinschaft nicht richtig zusammengesetzt wurde – ein riesiges Gebiet für die Psychologie ...

Positiv: Wer hat nicht gute Erinnerungen an seine Empfindungen beim ersten Flirt, dem ersten Händekontakt, dem ersten Kuss? Wenn es sich um „Resonatoren hoher Güte" handelt, wie oben diskutiert wurde, klingt die neue Schwingung auch nicht so schnell ab.

11.17 Gesundheit durch Resonanz mit der Natur

Diese Überschrift ist zumindest eine einleuchtende These. Resonanz bei einem System bedeutet, dass es auf die Frequenz der Energie abgestimmt ist, die ihm zugeführt wird, und daher die Energie absorbieren, d. h. aufnehmen kann. Da der Mensch ein „Vielfach-Resonator" ist, kommen sehr viele Resonanzfrequenzen in Betracht, die er mit der Nahrung und anderen energetischen Prozessen aufnehmen kann, und es ist die Frage, ob er beim Leben in einer zunehmend künstlichen Umwelt und gestörten Natur diese auch bekommt.

All unser Streben sollte also dahin gehen, den Menschen immer mehr in Resonanz zu bringen mit der Natur. Sie war vor ihm da und der Mensch ist nach ihren Gesetzmäßigkeiten „gebaut". Einfühlungsvermögen und verstandesmäßige Einsicht können uns auf diesem Weg vorwärts bringen; das wäre echter Fortschritt.

Gesundheit = vollkommene Kommunikation mit der Natur = Resonanz mit ihr

12 Literatur

[1] Harthun, Norbert: Resonanz und Kommunikation in Natur und Technik; Mensch und Technik-naturgemäß;
1986 H. 4; S. 174-183

[2] D. K.: Rufe aus dem hohlen Baum; Frankfurter Allgemeine Zeitung, 24.12.02 (darin zitiert: Nature, Bd. 420, S. 475).

[3] Wandel & Goltermann GmbH & Co; Postfach 12 62; 72795 Eningen u.A.: „Elektrosmog?“ Grundlagen, Risiken, Maßnahmen; D6.97/WG1/199/5

[4] Daems, Willem: Pharmazeutische Prozesse erschließen die Heilkraft der Pflanze; Weleda-Heilmittel aus neuer Erkenntnis – 50 Jahre im Dienste einer erweiterten Heilkunst; Sonderausgabe der Weleda-Nachrichten;
Johanni 1971, Nr. 102; S. 47-51]

[5] Joseph Scheppach: Die geheimnisvolle Macht der Vibrationen; P.M.;
Peter Moosleitners Magazin (2001) Nr. 9; S. 54-60

[6] Strindberg, August: Strindbergs Werke; Deutsche Gesamtausgabe unter Mitwirkung von Emil Schering als Übersetzer vom Dichter selbst veranstaltet; Abteilung Wissenschaft; 7. Band:
Ein drittes Blaubuch; Georg Müller; München 1921

[7] Schiller, Paul Eugen: Gerät zur Untersuchung und Demonstration von Schwingungsfiguren auf Membranen;
Zeitschr. f. techn. Physik 1934 Nr. 8; S. 294-296

[8] Jenny, H.: Schwingungen experimentell sichtbar gemacht, Zs. „Du“, 1962; 9

[9] (Jenny, Hans): Kymatik; Akut 1971 Nr. 3; S. 20-25

[10] Schubert, Gottfried: Staubfiguren im Kundtschen Rohr; Physik in unserer Zeit; 12. Jahrg.; 1981; Nr. 5; S. 147-150

[11] Schlichting, Hermann: Grenzschichttheorie, Verl. G. Braun Karlsruhe, 8. Aufl. 1982

[12] Groth, Jürgen: Schwingende Luftsäulen in Rohren – Theorie und Wirklichkeit; Praxis der Naturwissenschaften – Physik 11/83, S. 339-342

[13] Southwest Research Institute Boulder/Colorado: Nature Bd. 417; S.45; zitiert in: Paul, Günter: Knoten im Neptunring durch Resonanz verursacht

[14] Zenneck, J.: Nikola Tesla zum 80. Geburtstag; H...; S. 149-150

[15] Harthun, Norbert: Der Tesla-Transformator: Ein Resonanzsystem;
Mensch und Technik – naturgemäß; 1987; .1; S. 9-23

[16] Bischof, Marco: Nikola Tesla – ein Schamane des 20. Jahrhunderts; raum & zeit; Nr. 7; 1983; S. 91-95

[17] Bergmann – Schaefer; Lehrbuch der Experimentalphysik; Bd. II Elektrizitätslehre; 5. Aufl. 1966; DeGruyter Berlin

[18] Tesla, Nikola: My Inventions V. The Magnifying Transmitter; Electrical Experimenter; June 1919, S. 112; 113; 148; 173; 176; 178].
Die genaue Analyse dieses Systems befindet sich in: Harthun, Norbert: Tesla Energie-Übertragung; www.GruppeDerNeuen.de ; Publikationen 2005

[19] (ufe): Millenium Bridge – jetzt nicht mehr übel; Frankfurter Allgemeine Zeitung, 2.2.02

[20] Küffner, Georg: Nicht mehr im Seemannsgang über die Themse; Frankfurter Allgemeine Zeitung, 5.3.02

[21] Flugsicherheitsmitteilungen Nachdruck 1982; Luftfahrtbundesamt, Flughafen; 3300 Braunschweig. Ebenfalls zitiert in: Harthun, Norbert: Mürbe Materie – Die Macht unspürbarer Vibrationen;
Mensch und Technik – naturgemäß; 1988 H. 1 S. 24 -25

[22] Kellermann, Eike: Raketenmuseum: Grauen ausgesperrt; Leipziger Volkszeitung 14./15. 5. 94;
Kennlinie aus: Autorenkollektiv: Theorie der Flugzeugtriebwerke Bd. 2; Deutscher Militärverlag Berlin 1962

[23] Zwicky, Fritz: Morphologische Forschung; Helv. Phys. Acta 23 (1950) 223-238

[24] Callahan, Philip. S.: Tuning into Nature; The Devin-Adair Company; Old Greenwich; Connecticut; 1975;
ISBN 0-8195-6309-2

[25] Dombek, K.-P.: Dielektrische Antennen nichtzylindrischer Form; Forschungsinstitut des Fernmeldetechnischen Zentralamts Darmstadt. Aufsatz im Tagungsband zu: „Seminare über Antennentechnik", Intern. Elektronik Zentrum, Theresienhöhe 15; 8 München 12; 2. Tag. 23.11.1973. (Auch als Dissertation erhältlich)

[26] Callahan, Philip S,: Treating the AIDS Virus As an Antenna; 21st Century 1989, March-April; p. 26-31

[27] Callahan, Philip. S.: Ancient Mysteries, modern Visions; Acres USA 1984;
ISBN 0-911311-08-4

[28] Bischof, Marco; Biophotonen – Das Licht in unseren Zellen; Verlag Zweitausendeins

[29] http://alexfrolov.narod.ru

[30] Fröhlich; H.; Kremer,F.: Coherent Excitations in Biological Systems, Springer 1983; 3-54012540-x

[31] Popp, F.A.: Die Botschaft der Nahrung, Zweitausendeins Frankfurt; 3. Aufl. 2001

[32] Käs, Günter; Pauli: Mikrowellentechnik (S. 274); Franzis Verlag München 1991

[33] Keilmann, F.: Biologische Resonanzwirkungen von Mikrowellen; Physik in unserer Zeit 1985 H. 2

[34] Laskowski, Wolfgang; Pohlit, Wolfgang: Biophysik; dtv 1974

[35] Rohracher, Hubert: Mechanische Mikroschwingungen des menschlichen Körpers; Urban und Schwarzenberg, Wien 1949.
Und: Permanente rhythmische Mikrobewegungen des Warmblüter-Organismus („Mikrovibration"); Die Naturwissenschaften, 49. Jahrg. 1962; H. 7; S. 145-150

[36] Meinke, H.,H.: Elektromagnetische Wellen, Springer Verlag; Heidelberg 1963

[37] Faller, Adolf: Der Körper des Menschen; Georg Thieme Stuttgart 1970

[38] Itzhak Bentov: Töne – Wellen – Vibrationen Qualität und Quantität des Bewusstseins; Dianus-Trikont-Buchverlag, 1. Aufl.; Münster 1984

[39] N.v.L.: Tödlicher Schneeball; Frankfurter Allgemeine Zeitung; 20.3.02

[40] Pestel, E.; Liebau, G.: Phänomen der pulsierenden Strömung im Blutkreislauf aus technologischer, physiologischer und klinischer Sicht; Bibliographisches Institut Mannheim 1970; Hochschulskripten Nr. 738/738a

[41] Moser, Maximilian u.a.: Stress am Bau – am Herzschlag sichtbar gemacht; Joanneum Research;
Institut für Nichtinvasive Diagnostik; Franz-Pichler-Straße 30; A-8160 Weiz; ca. 2002

[42] Hauschka, Rudolf: Heilmittellehre; Vittorio Klostermann Frankfurt am Main 1990; 5. Aufl.

[43] Vaegs, Bernhard: Analogien zw. Wirbel und Tanz; Kosmische Evolution 1978 Nr. 1; S. 19-21]. Weitere Quellen: „Geo" 1/1978, S. 84 -104; Reshad Feild: „Ich ging den Weg des Derwisch", Düsseldorf 1977; Private Gespräche mit frommen Türken; Hugo Kükelhaus: „Urzahl u. Gebärde", Berlin 1934;
Gardner: Witchcraft Today, London 1963; u.a.

[44] Schäfer, F. O.: Wesen und Bedeutung der Resonanz in der Natur – Erkenntnisse zum Weltbild;
Universitas 1982 H. 3 S. 285-289

[45] Hahnemann; Samuel: Organon der Heilkunde; Verl. Wilmar Schwabe; Leipzig 1921; 6. Aufl.; Zitiert in:
Hauschka, Rudolf: Heilmittellehre (s. 203); Vittorio Klostermann Frankfurt am Main 1990; 5. Aufl.

[46] Buchwald, E.: Symbolische Physik (S. 56); Fachverlag Schiele und Schön, Berlin

Anschrift der Autoren:

Günter Wahl
Bahnhofstraße 26
86150 Augsburg

Norbert Harthun
Büttner Weg 50
04249 Leipzig